JN124387

新版

建設業の労働災害に伴う 4大責任

編集にあたって

　建設労務安全研究会では、平成 16 年 4 月に、建設業における「企業の社会的責任」という観点から、建設業に関わる四つの責任について、各企業の行動指針となるべく「労働災害に伴う企業責任」をとりまとめ、会員企業等に配布し、活用していただきました。

　不幸にして労働災害や公衆災害が発生すると、企業倫理の欠如に起因する不祥事と同様に、または、場合によってはそれ以上に、法律上の責任追及が行われてしまいます。そして、企業の社会的責任が大きく問われる状況となり、その結果、企業経営に重大な影響を及ぼすケースも少なくありません。

　このような社会情勢、企業を取り巻く環境がより厳しくなってきたことを受けて、当研究会では、平成 16 年版の見直しに着手し、平成 21 年 4 月に、装いも新たに「建設労働災害と企業の 4 大責任」を編集、発行し、6 年後の平成 28 年 1 月に改訂いたしました。

　そしてこの度、通達及び基準等も改正されていますので見直しを行い発行いたします。

　編集にあたっては、「刑事責任」「民事責任」「行政責任」「社会的責任」の四つの責任を軸に、それぞれに関わる法律上の責任等について解説しています。また、送検事例や判例、通達及び基準等も更新、見直しを行って掲載していますので、社内の研修、専門工事業者の教育等にも十分利用できる図書であるといえますのでご活用くださるようお願いいたします。

建設労務安全研究会

理事長　本多　敦郎

i

はじめに

　建設業の労働災害は、関係者による長年の努力により、長期的には減少してきていますが、今なお毎年1万5千人を超える方々が休業4日以上の災害にあい、また、300名近くの方々が亡くなっているということも事実です。こうして被災された方々は皆、それぞれの友人・家族にとってはかけがえのない存在であり、ましてや身体に重い障害が残ったり、人命が失われるようなことなどは、決してあってはならないことです。

　今や建設業を営む事業者にとって、労働災害を未然に防ぎ、安全と健康を確保することは、そこで働く従業員やその家族に対する責務であると同時に、顧客を含めた社会一般に対しても、企業の社会的責任として、当然の責務となってきています。

　こうした社会環境の変化のなかで、万一、労働災害を発生させた場合、事業者には、どのような責任が問われ、また、どのような影響を受けることになるのでしょうか。警察・労働基準監督署等からの責任追及、監督官庁からの指名停止等の処分、被災者側からの賠償請求に加えて、重大な災害を発生させた場合には社会的な批判を受けて信用を失うなど、企業に与える影響はきわめて大きくなってきています。

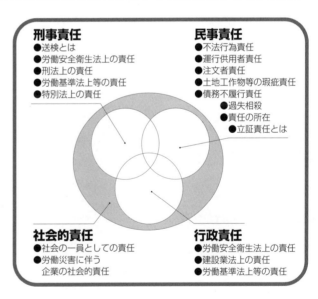

　このような「労働災害に伴う企業責任」としては、

- Ⅰ. 刑事責任
- Ⅱ. 民事責任
- Ⅲ. 行政責任
- Ⅳ. 社会的責任

の「四つの責任」に分けることができます。

　この「四つの責任」は、まず、「労働災害は『あってはならない』」という社会的責任を基礎にして、それぞれ法的な根拠等についてはその範囲において必ずしも別々に分離されるものではなく、重複していたり、別々のものであったりしますが、一般的には図に示すように、重複してその責任を問われる場合が多くあります。

　本書では、労働災害に伴う企業の責任として、改めて理解を深めていただくために、これらの「四つの責任」について、その法令等の根拠、実際の送検・判決事例等にも触れながら解説します。

編集にあたって
はじめに

III. 行政責任

IV. 社会的責任

V. 労働災害が発生してしまったときの対応

VI. 事 例

VII. 資　料

I 刑事責任

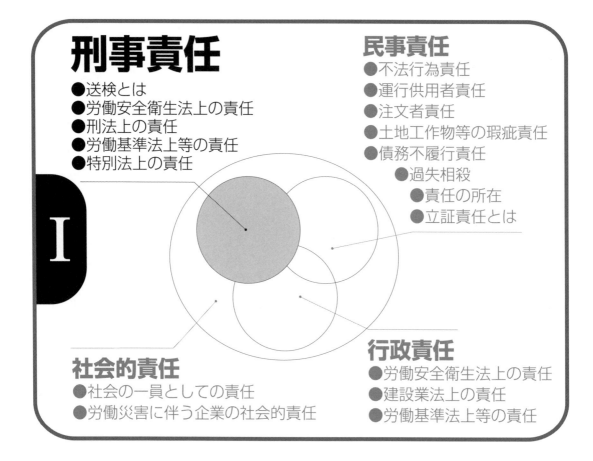

刑事責任

- ●送検とは
- ●労働安全衛生法上の責任
- ●刑法上の責任
- ●労働基準法上等の責任
- ●特別法上の責任

Ⅰ

民事責任

- ●不法行為責任
- ●運行供用者責任
- ●注文者責任
- ●土地工作物等の瑕疵責任
- ●債務不履行責任
  - ●過失相殺
  - ●責任の所在
  - ●立証責任とは

社会的責任

- ●社会の一員としての責任
- ●労働災害に伴う企業の社会的責任

行政責任

- ●労働安全衛生法上の責任
- ●建設業法上の責任
- ●労働基準法上等の責任

1．送検とは

　労働災害が発生し、事業者より労働基準監督署に通報・報告がされると、労働基準監督官は、災害発生の現場において、安衛法上の危険又は健康障害の防止措置の実施状況を調査し労働災害防止上の行政指導を行います。そして、災害の発生原因が、安衛法上の災害防止規定（主に第20条～第25条「事業者の講ずべき措置」）に基づく措置義務の不履行（すなわち法律違反）に起因している場合には、安衛法第92条に基づき、刑事訴訟法の規定による司法警察員（警察官や労働基準監督官）の職務として実況見分や事情聴取などの捜査を行い、捜査が終了したときは速やかに書類及び証拠物とともに事件を検察庁に送致することを「送検」といいます。その後、検察官において被疑者を起訴し、刑事裁判の手続きを経て被告人に対し、懲役又は罰金を科し責任を追及することになります。

　労働基準監督機関は、事故・災害にかかわりなく、安衛法に基づく「使用停止命令」「変更措置命令」等の行政処分命令に違反した場合、再度にわたる勧告に従わない場合の事案に対しても送検することができます**（送検事例7（118～119頁）を参照）**。

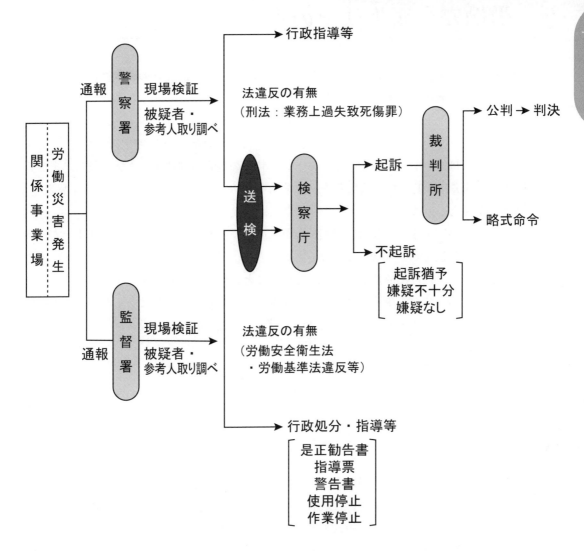

　労働災害が発生した場合の刑事責任としては、刑法第211条による業務上過失致死傷の罪が問われるほかに、労働安全衛生法違反による罪も問われることになります。

　業務上過失致死傷の罪は、実際に事故による死亡・傷害ということが起きなければ責任を問われることはありませんが、労働安全衛生法は、労働災害の発生を未然に防止することを目的として定められた法律ですから、労働安全衛生法違反の事実があれば、労働災害の発生がなくとも書類送検されることになります。これは、労働安全衛生法第92条に「労働基準監督官は、この法律に違反する罪について、刑事訴訟法の規定による司法警察員の職務を行う」と定められていて、労働基準監督官には労働安全衛生法違反の罪については司法警察員としての職務権限が与えられていることによります（実際の送検事例のほとんどは事故発生の場合に限られますが、使用停止命令等の行政処分後も違反が繰り返され、きわめて悪質と判断された場合は書類送検された事例もあります）。

　また、その他、労働災害の発生に直接的な関係がなくても、労働基準法、消防法等に違反することが災害の発生に伴って認定されれば、当然、その責任を問われることになります。

２．労働安全衛生法上の責任

　業務上過失致死傷の罪は文字どおり「過失の罪」であって、労働災害の発生に伴って、共同作業者、上位の監督者等に過失が認められた場合に問われる刑法上の罪となります。これに対して、労働安全衛生法上の刑事処罰は、たとえ重大な過失が認められて刑法上の「業務上過失致死傷の罪」が成立したとしても、そこに故意がなければ「労働安全衛生法違反の罪」で罰せられません。これは、過失であっても罰するという特別の規定（刑法第211条「業務上過失致死傷」）がある刑法とは違って、過失犯を処罰する規定のない労働安全衛生法では「故意犯」のみが処罰の対象となります。

　ただし、ここでいう「故意」とは、意図的な行為のみを指しているわけではありません。例えば「労働安全衛生法を知りませんでした」というのは、単に「法を知らなかった」ということであって、そのことだけで故意がなかったということにはなりません。

　つまり労働安全衛生法が、事業者に対して「安全衛生面でとらなければならない一定の措置を義務付けているにもかかわらず、必要なとるべき措置を怠っていた」ということの意味で、故意があったと認定されます。

　事例としては、建設現場の解体作業で高所から物体を投下する作業中、たまたまその下に立ち入った労働者がいて、その労働者に投下した物が当たって死亡した場合の責任の追及でみますと、以下のようになります。

　業務上過失致死事件としての捜査は、その被災者が死亡するに至った原因を事故に近いところからたどることになります。したがって、まず下をよく確認しないで物を投下した同僚の過失から順次上位の監督者へと法的過失責任の有無をたどっていくことになります（あくまでも個人の責任の追及であって、事業者の代表者がその個人としての責任を問われることがあったとしても、事業者そのものが責任を追及されることはありません）。

　これに対して、労働安全衛生法では、このような作業については労働安全衛生規則第536条、第537条に「事業者は、３メートル以上の高所から物体を投下するときは……労働者の危険を防止するための措置を講じなければならない」と定められているにもかかわらず、「なぜ講じなかったのか」と、事業者としての措置義務に関する不履行の責任を追及していくことになります。

（1）事業者責任

　労働安全衛生法では、事業者とは「事業を行う者で、労働者を使用するもの」と定義しています（第２条）。また、「事業者とは、法人企業であれば当該法人（法人の代表者ではない）であり、個人企業であれば、事業経営主を指す」としています。これは従来の労働基準法上の義務主体であった「使用者」と異なり、事業経営の利益の帰属主体そのものを義務主体としてとらえ、その安全衛生上の責任を明確にしたものです。なお、法違反があった場合の罰則の適用は、第122条に基づいて、当該違反の実行行為者である自然人（個人）に対してなされるほか、事業者である法人又は人（個人事業主）に対しても各本条の罰金刑が科せられます（昭和47年9月18日付基発91号）。

①労働者の危険又は健康障害を防止するための事業者が講ずべき措置

・機械等、爆発性の物等又はエネルギーによる危険の防止措置（第20条）
・作業方法から生ずる危険又は場所等に係る危険（掘削・墜落・土砂崩壊等）の防止措置（第
　21条）
・原材料等、放射線等、計器監視等、排気等による健康障害又は作業による健康障害の防止措
　置（第22条）
・建設物その他の作業場の健康の保持等のために必要な措置（作業場の通路、床面、階段等の
　保全並びに換気、採光、照明等作業環境の保持）（第23条）
・労働者の作業行動から生ずる労働災害の防止措置（第24条）
・労働災害発生の急迫した危険があるときの退避等の措置（第25条）
・労働者の救護に関する措置（救護訓練等）（第25条の2）
(送検事例1（106〜107頁）、送検事例5（114〜115頁）、送検事例8・9（120〜123頁）を参照)

②偽装請負と見られる形態

　契約の形式は請負でありながら、注文者（元請）が直接請負（下請）労働者を指揮命令する
など、実態として労働者派遣事業にあたる形態は労働者派遣法違反となり、偽装請負と判断さ
れます。
　偽装請負により労働者派遣と判断されると下記の「みなし規定」が適用されることとなりま
す（労働者派遣法第45条（みなし規定））。
　⑴　派遣先の元請を、労働者の事業者とみなして、労働安全衛生法第20条から第25条の2
　　　までの規定を適用する。
　⑵　下請が本来有している労働者を雇用している事業者の責任を、労働者が使用されていな
　　　いものとみなし、元請にあるものとする。

〈ケース1〉

　元請である X 社はマンション工事を発注者より請け負う。その内の設備工事全般を一次下請 Y 社に発注し、Y 社は配管工事を2次下請 Z 社に発注していた。Z 社は3次下請で一人親方のイ・ロ・ハの3人グループに仕事を、イを通じて発注し、イ・ロ・ハそれぞれの請負代金はイが出勤日数に応じて分配していた。グループでは、軽微な道具等は共同保有するものの、多くの機械設備は Z 社から貸与されていた。しかしながら Z 社の者が作業所に常駐することはなく、Y 社の現場責任者 O がイ・ロ・ハの一人親方グループに作業指示を行っていた。

　この場合、イ・ロ・ハの一人親方のグループは配管工事を行っていたものの、実態は単なる労務を提供し、出来高払いによって得ていたに過ぎない労働者と判断される。Z 社の責任者は実際に現場にいることはなく、イ・ロ・ハに対する作業の現実の指揮監督関係や安全管理上の配慮は Y 社の現場責任者 O によってなされていたと認められる。以上の事実から、Z 社は一人親方イ・ロ・ハを雇用する「事業主」、一人親方イ・ロ・ハを「労働者」、Y 社の現場責任者 O を「指揮監督者」とし、Z 社は労働者を Y 社に派遣した「派遣元事業主」、Y 社は「派遣先事業主」と判断される。労働者派遣法第45条により、派遣先の事業を行う Y 社が派遣中の労働者を使用する事業者とみなされることから、一人親方イ・ロ・ハが業務中に災害を負った場合の安全措置義務者は派遣元 Z 社ではなく、派遣先事業主である Y 社が負うこととなる。

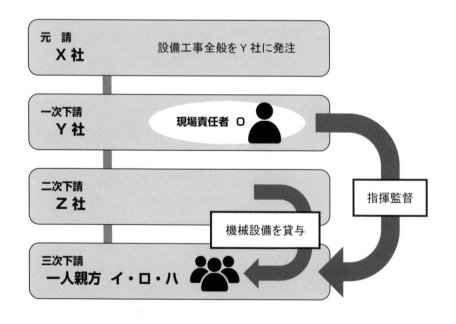

〈ケース２〉

　元請であるＡ社は下水道工事一式を発注者より請け負う。その内の車両系建設機械の運転業務等を一次下請Ｂ社に発注し、Ｂ社は再下請負業者の二次下請Ｃ社に現場内の清掃・片付・散水等の雑工事を発注した。作業に使用される機械・設備等は元請からの支給・貸与で元請の現場責任者甲が直接Ｂ社の運転手に作業指揮を行っていた。Ｃ社は元請現場責任者甲の直接作業指揮で単に清掃・片付・散水等の肉体的な労働力を提供し、支払いはＡ社→Ｂ社→Ｃ社の人工計算で行われていた。

　この場合、元請Ａ社と一次下請Ｂ社及び元請Ａ社と二次下請Ｃ社は労働者派遣関係にあり、元請Ａ社はＢ社・Ｃ社の派遣先でありＢ社・Ｃ社はそれぞれＡ社の派遣元となる。この場合、元請Ａ社は労働者派遣法第45条第3項（みなし規定）により安全措置義務が発生し、一次下請Ｂ社と二次下請Ｃ社は労働者派遣法第45条第5項により免責される。つまり、元請であっても下請労働者に対する事業者責任が問われることとなる。

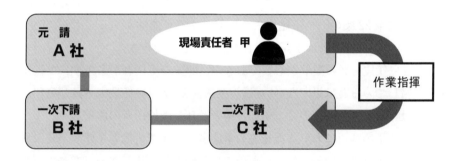

〈ケース3〉

　元請であるＡ社は、クリーニング工事を一次下請のＢ社に発注した。Ｂ社はその工事を二次下請のＣ社に再下請させていた。Ａ社は主任技術者を選任していたが、作業員を配置しておらず、しかも主任技術者は他の複数の工事と掛け持ちしていた。工事が終盤になりクリーニング工事の進捗が遅れるようになり、元請Ａ社は、5日間5人の作業員を増員するように一次下請のＢ社に依頼した。Ｂ社は該当工事を二次下請Ｃ社に発注し請負契約を締結した。Ｃ社は人数が不足していたので、人材派遣会社Ｘ社に対して3人派遣するように依頼し、自社の作業員2人とともに現場でクリーニング作業に従事させていた。この時、所轄の労働基準監督署が現場に臨検に入り、たまたまそこで働いている人材派遣会社Ｘ社から派遣されたＺに、どこから賃金を貰っているか尋ねたところから、偽装請負の疑いが発覚した事例である。

　この場合、元請Ａ社は建設業法第24条の6（下請負人に対する特定建設業者の指導等）に抵触している。特定建設業者は、労働者の使用に関して法律に違反しないよう、当該下請負人に指導しなければならないとされており、今回のような労働者派遣法も含まれる。ただし、この条文には罰則規定はない。一次下請のＢ社は、自社の職員が常駐しておらず、工事に関して、実質的に関与していると認められないことから建設業法第22条の一括下請の禁止に該当する可能性がある。もし、Ｂ社の請負金額が3500万以上であれば主任技術者の選任が必要である。

　Ｃ社も主任技術者の配置が必要であるが、明確な責任者がおらず、主任技術者の職務を実施しているとは思えない。（建設業法第26条（主任技術者及び監理技術者の設置等）、建設業法第26条の3（主任技術者及び監理技術者の職務等））。また、労働者派遣法第4条第3項において派遣先の事業者は、派遣労働者を建設業務に従事させてはならないとされている。Ｘ社においては労働者派遣法第4条（業務の範囲）で建設業務に関しては、労働者派遣事業を行ってはならないとされている法律の違反となる。

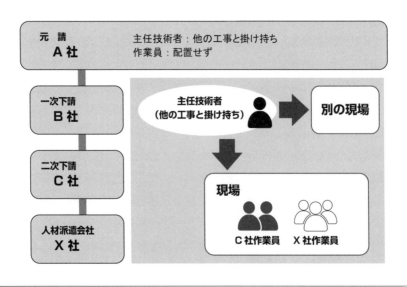

〈ケース４〉

　業務が忙しいので下請会社から社員を借りて管理業務を手伝わせ、工種を「施工管理」として下請契約を行った。

　この場合、請負であるためには、下請会社からの労働者に対する指揮命令が求められ、作業所所長が直接指示、時間管理等を行うと「偽装請負」となり、下請会社は労働者派遣法違反、元請会社は建設業法の規定により是正指導を受ける。

　厚生労働省の告知では、労働者の業務の遂行方法、労働時間等に関する指示・管理のすべてを下請会社が直接行い、下請会社の業務は自己の能力と責任・負担の下に処理され安全衛生確保や損害賠償業務などを負担することが必要とされている。

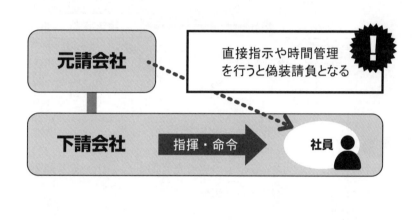

＊偽装請負に認定されるケース

　請負で偽装請負に認定されるのは、元請から直接請負業者（下請）労働者に指揮命令がされることであるので以下の点に留意する必要があります。

・下請に対する指揮命令は、必ず下請の現場責任者等事業者の組織を通じて、その責任者から作業員への指揮命令を行う。

・下請が現場責任者を置いていても、形式だけでただ請負の指示を個々の作業員に伝えるだけであれば、元請が指示しているのと実態は同じものと考える。

・下請の現場責任者には、権限と責任、所定の資格を有する者を選任する必要がある。

・建設業法では、下請は無許可業者を含めた「建設業を営むもの」でよいので、現場責任者のいない、単なる労働者供給事業者も下請が可能。このような業者を使用するのであれば、元請の責任において、適正な責任体制を確立するよう指導する必要がある。

・下請労働者に対する過度の支配を行わない。

・下請労働者の不安全行動に対して元請や上位請負者の者が注意することは、指揮命令に該当しない。

コラム

偽装請負とは？

　書類上、注文者と請負業者が請負（委託）契約を締結しているが、実際の現場では注文者が直接請負業者の労働者に指揮命令して業務処理を行わせ、実態は労働者派遣であること。

※　「労働者派遣事業と請負により行われる事業との区分に関する基準」
　（昭和61年労働省告示第37号　最終改正　平成24年厚生労働省告示第518号）

※　違法　建設業法（第22条、第24条の6、第26条）、労働者派遣法（第4条）

請負とは？

　注文者が請負業者に対して、ある仕事の完成を目的として、注文者がその仕事の結果に対して報酬を支払うことを約束する契約。

　参考：民法第632条

　　　　請負は、当事者の一方がある仕事を完成することを約し、相手方がその仕事の結果に対してその報酬を支払うことを約することによって、その効力を生ずる。

労働者派遣とは？

　派遣元の事業主が自己の雇用する労働者を、派遣先事業者に派遣し、派遣先事業者の指揮命令を受けて派遣先事業者のために労働に従事させること。

③労働者の遵守義務

　労働災害の防止は、労働者保護のため、事業者に当然課せられた義務ですが、さらに労働者自身も、労働災害防止のために労働安全衛生規則など各規則に基づいて、事業者が講ずる措置に応じて必要な事項を遵守する義務があることを定めています。

・労働者は、事業者が第20条から第25条の2第1項までの規定に基づき講ずる措置に応じて、必要な事項を守らなければならない（第26条）。

(2) 元方・特定元方事業者責任

　労働安全衛生法では、一の場所において行う事業の一部を請負人に請け負わせて、仕事の一部は自ら行う事業者のうち、最先次のものを「元方事業者」といいます。また、この元方事業のうち、「建設業と造船業」は、「特定事業」といい、この事業を行う者を「特定元方事業者」といいます（第15条）。労働安全衛生法では、元方・特定元方事業者の措置義務等、特別な法規制を定め、違反した場合には、罰則を設けています。

①元方事業者責任

・元方事業者は、関係請負人及びその労働者が、この法律又はこれに基づく命令の規定に違反しないよう指導するとともに、違反していると認めるときは、是正のための指示を行うこと（第29条）。
・建設業の元方事業者は、土砂等が崩壊するおそれがある場所等で関係請負人の労働者が作業を行うときは、当該場所の危険を防止するための措置が適切に講ぜられるよう、必要な措置を講ずること（第29条の2）。

②特定元方事業者責任

　建設業及び造船業の事業では、元方事業者及び下請事業者のそれぞれの労働者が同一の場所で混在して作業が行われ、他業種に比較して、災害発生率が高い。このような混在作業から発生する労働災害を防止するため、労働安全衛生法では特定元方事業者の講ずべき措置として、次の事項について統括管理するよう定めています（第30条）。

・協議組織の設置及び運営
・作業間の連絡及び調整
・作業場所の巡視
・安全衛生教育の指導及び援助
・仕事の計画及び機械等の配置計画の作成並びに機械等を用いる作業に関する安全衛生上の講ずべき措置の指導
・その他当該労働災害を防止するため必要な事項（クレーン等の合図の統一、警報の統一、避難訓練の実施方法等の統一等）

（送検事例1（106・107頁）を参照）

⑶ 注文者責任

①注文者責任とは

　労働安全衛生法第31条（注文者の講ずべき措置）に規定されている「注文者責任」とは、「特定事業」（建設業・造船業）の仕事を自ら行う注文者（特定元方事業者）は建設物、設備又は原材料（以下「建設物等」という）を、当該仕事を行う場所においてその請負人（当該仕事が数次の請負契約によって行われる時は、当該請負人の請負契約の後次のすべての請負契約の当事者である請負人を含む）の労働者に使用させるときは、当該建設物等について当該労働者の労働災害を防止するため必要な措置を講じなければならない。この場合においても、当該請負人（注文者より仕事を請け負う者）も、労働基準法その他労働者の安全及び衛生に関する法令に基づき、その使用する労働者に係る当該建設物等について、安全衛生上の措置を講ずべき義務を免れるものではなく、注文者及び請負人は、相協力して当該建設物等について労働災害の防止に関し必要な措置を講ずべきものであるとしています。建設業などの請負契約が複数にわたっており、複数の注文者がいる場合は、最も上位の注文者が、労働災害防止上の安全措置を行う義務があるとしています。また、注文者は請負人に指示を行う場合、法令違反となる指示をしてはならないと定めています。

　「建設物等について措置義務を負うこととなる注文者」については、次の通り解釈されます。

（イ）安衛法第15条第1項の事業の仕事を自ら行う注文者、すなわち元請事業者。
　簡単に言えば、建設業、造船業の仕事の一部を請け負わせている注文者（元請業者）が、下請事業者の労働者に建設物等を現場で使用させる場合は、当該建設物等を安全で衛生的なものとしなければならないと定めている。

（ロ）建設物等を当該仕事を行う場所においてその請負人（当該仕事が数次の請負契約によって行われる場合には、当該請負人の請負契約の後次のすべての請負契約の当事者である請負人を含む）の労働者に使用させる注文主であること。

（ハ）当該仕事が数次の請負契約によって行われ、かつ当該建設物等が順次下位の請負人の労働者に使用させるという関係がある場合には、当該請負契約関係において最も上位にある注文者であること。

---

②特別な規制措置

　労働安全衛生法では「特定事業の仕事を自ら行う注文者は、建設物、設備又は原材料を請負人の労働者に使用させるときは、労働災害を防止するため必要な措置を講ずる事」（第31条）と定められています。また、労働安全衛生規則には「特別規制」（第638条の2〜第664条）が設けられており、違反した場合は「安全配慮義務違反」等を問われる可能性があります。「安全配慮義務違反」とは、労働者が労務を提供するに当たって発生する危険を予知し、さらにその危険により災害が発生することを回避する義務が事業者に課せられるということで、これまでの多くの裁判例によると次の4つに分類できます。

　イ．「物的・環境的危険防止義務」

　　　物理的な意味での作業上の危険を防止すべき義務であり、例えば、作業施設、設備、機械、

器具、材料等が安全性を欠いており、その不備欠陥によって事故が発生することを防ぎ、粉じん、有機溶剤などの有害物質が発生している職場の作業環境を良好にしておかなければならない義務。

ロ．「作業内容上の危険防止義務」

　労働者が危険な作業方法・手順を取らないように安全衛生教育を行い、不安全な行動を行っていた場合には注意し、それを是正させる義務。

ハ．「作業行動上の危険防止義務」

　1つの職場、現場で複数の労働者が混然と一体として働いており、また、元請、下請、孫請等がそれぞれバラバラに作業を行っている場合には互いに連絡を取り合い、コミュニケーションを図りながら調整して統率をとる義務。

ニ．「寮・宿泊施設における危険防止義務」

　私生活又は宿泊施設における危険に対して適切な対応をとるべき義務。

③一定の機械に係る作業における措置

　建設業の事業者で、一定の機械に係る作業を自ら行う発注者は、当該機械に係る作業について、当該場所において特定作業に従事するすべての労働者の労働災害を防止するため、他職の関係請負業者と十分な連携を図り連絡・調整を行い、作業員へ作業の内容・指揮系統・立ち入り禁止区域等の実施・確認、運行経路・制限速度・機械の運行に関する事項、その他機械操作による労働災害防止に必要な措置を講ずることとされています（第31条の3）。

④違法な指示の禁止

　注文者は、その請負人に対し、当該仕事に関し、その指示に従って当該請負人の労働者を労働させたならば、この法律又はこれに基づく命令の規定に違反することとなる指示をしてはならない（第31条の4）。

　なお、本条に違反した場合の罰則は設けられていませんが、違反が明らかとなれば、刑法第61条（教唆犯）が適用される場合もあります。

（送検事例2（108・109頁）、送検事例5（114・115頁）、送検事例7・8（118〜121頁）を参照）

（4）機械貸与者等責任

　安衛法第33条第2項では、「相当の対価を得て業として他の事業者に貸与する者」（安衛則第665条）から「一定の機械等」（安衛令第10条）の貸与を受けた者は、当該機械等を操作する者がその使用する労働者でないときは、当該機械の操作による労働災害を防止するため「必要な措置」（安衛則第667条）を講じなければならないとしています。

　安衛則第665条に規定される「相当の対価を得て業として他の事業者に貸与する者」はリース業者が該当します。

　安衛令第10条に規定される、対象となる「一定の機械等」は次の4つです。

①つり上げ荷重が 0.5 トン以上の移動式クレーン

②車両系建設機械、コンクリートポンプ車、解体用機械で、動力を用い、かつ、不特定の場所に自走することが出来るもの

③不整地運搬車

④最も高く上昇させた場合の作業床の高さが 2 メート以上の高所作業車

　安衛則第 667 条に規定される「必要な措置」は次の事項です。

①機械等を操作する者が、当該機械の操作について法令に基づく必要な資格又は技能を有しているかを確認する。

②機械等を操作する者に対し、次の事項を通知する。

　　イ．作業の内容

　　ロ．指揮の系統

　　ハ．連絡、合図等の方法

　　ニ．運行の経路、制限速度その他当該機械等の運行に関する事項

　　ホ．その他当該機械等の操作による労働災害を防止するため必要な事項

　したがって、元請がリース業者から車両系建設機械等の規制の対象となる機械をリースし、機械を借りた元請の社員ではない、協力会社の運転者に操作させる場合には、その運転者の資格を確認し、作業内容や指揮の系統などの定められた事項を通知（指示）しなければなりません。

　ここで注意しなければならないのは、確認・通知の義務は機械を借りた事業者に課せられている点です。つまり、元請が機械をリースしたのであれば、元請が機械の作業計画書を作成し、それに基づき元請の社員が協力会社の運転者の資格を確認し通知しなければなりません（**送検事例 3（110・111 頁）「バックホウによる挟まれ災害で機械貸与を受けた元請が送検」を参照**）。

(5) 労災かくし

　労災かくしとは、「労働災害の発生に関し、その発生事実を隠蔽するため故意に労働者死傷病報告を提出しないもの、及び虚偽の内容を記載して提出するもの」をいいます（平成 3 年 12 月 5 日基発第 678 号）。

参考

基発第687号
平成3年12月5日
都道府県労働基準局長殿
労働省労働基準局長

いわゆる労災かくしの排除について

　標記については、平成3年2月「平成3年度労働基準行政の運営について」の第3の2をもって厳格に対処するよう指示したところであるが、これが具体的な実施については、下記によることとしたので、その的確な処理を図り、いわゆる労災かくしの排除に徹底を期されたい。

記

1　基本的な考え方

　労働安全衛生法が労働者の業務上の負傷等について事業者に対して所轄労働基準監督署長への報告を義務付けているのは、労働基準行政として災害発生原因等を把握し、当該事業場に対し同種災害の再発防止策を確立させることはもとより、以後における的確な行政推進に資するためであり、労働災害の発生状況を正確に把握することは労働災害防止対策の推進にとって重要なことである。

　最近、労働災害の発生に関し、その発生事実を隠蔽するため故意に労働者死傷病報告書を提出しないもの及び虚偽の内容を記載して提出するもの（以下「労災かくし」という。）がみられるが、このような労災かくしが横行することとなれば、労働災害防止対策を重点とする労働基準行政の的確な推進をゆるがすこととなりかねず、かかる事案の排除に徹底を期する必要がある。

　このため、臨検監督、集団指導等あらゆる機会を通じ、事業者等に対し、労働者死傷病報告書の提出を適正に行うよう指導を徹底するとともに、関係部署間で十分な連携を図り、労災かくしの把握に努め、万一、労災かくしの存在が明らかとなった場合には、その事案の軽重等を的確に判断しつつ、再発防止の徹底を図るため厳正な措置を講ずるものとする。

2　事案の把握及び調査

　労災かくしは、事業者が故意に労災事故を隠蔽する意志のもとに行われるため、その事案の発見には困難を伴うものが多いが、疑いのある事案の把握及び調査に当たっては、特に次の事項に留意し、関係部署間で組織的な連携を図り、的確な

処理を行うこと。

(1) 労働者死傷病報告書、休業補償給付支給請求書等関係書類の提出がなされた場合には、当該報告書の内容を点検し、必要に応じ関係書類相互間の突合を行い、災害発生状況等の記載が不自然と思われる事案の把握を行うこと。

(2) 被災労働者からの申告、情報の提供がなされた場合には、その情報に基づき、改めて労働者死傷病報告書、休業補償給付支給請求書等関係書類の提出の有無を確認し、また、その相互間の突合を行い事案の内容の把握を行うこと。

(3) 監督指導時に、出勤簿、作業日誌等関係書類の記載内容を点検し、その内容が不自然と思われる事案の把握を行うこと。

(4) 上記(1)から(3)により把握した事案については、実地調査等必要な調査を実施し、労災かくしの発見に徹底を期すること。

3 事案を発見した場合の措置

労災かくしを行った事業場に対する措置については、次に掲げる事項に留意の上、再発防止の徹底を図るため厳正な措置を請ずること。

(1) 労災かくしを行った事業場に対しては、司法処分を含め厳正に対処すること。

(2) 事案に応じ、事業者に出頭を求め局長又は署長から警告を発するとともに、同種事案再発防止対策を請じさせる等の措置を請ずること。

(3) 本社又は支社等が他局管内に所在し、同種事案について管轄局署の注意を喚起する必要があると思われる事案、特に重大・悪質な事案等については、速やかに局へ連絡し、必要に応じ関係局間・本省とも連携を図り、情報の提供その他必要な措置を謂ずること。

(4) 建設事業無災害表彰を受けた事業場にあっては、平成3年12月5日付け基発第685号「建設事業無災害表彰内規の改正について」をもって指示したところにより、当該無災害表彰を返還させること。

(5) 労災保険のメリット制の適用を受けている事業場にあっては、メリット収支率の再計算を行い、必要に応じ、還付金の回収を行う等適正な保険料を徴収するための処理を行うこと。

①具体的な事項

・労災にしないで健康保険扱いとする。
・労災発生の事実内容を変更して虚偽の報告をする（例：ほかの現場の労災保険を使用する、など）。
・現場で発生したにもかかわらず自社の資材置き場で被災したように虚偽の報告をし、自社の労災保険を使用する。
・現場で発生したにもかかわらず通勤中に被災したように虚偽の報告をし、通勤災害とする。

②発覚した場合の罰則

労災かくしが発覚した場合には、「労働者死傷病報告の未提出」もしくは「虚偽の報告」（安衛法第 100 条もしくは第 120 条違反）に該当し、隠した行為者とその所属会社、それぞれに 50 万円以下の罰金が科されます。

さらに、これらの刑罰確定後、建設業法違反（第 28 条第 1 項の 3）により国土交通省より「指示処分」が出され、該当する地方整備局から指名停止、他の市町村等の追随が出されることがあります。

③防止対策

・新規入場者教育、朝礼時にケガをした際には、必ず報告するように指導する。
・災害防止協議会で協力会社に「労災かくしは行わない」ことを確認する。
・協力会社が自社で処理する申し出があっても断る。
・作業員が小さなケガでも報告しやすい雰囲気づくりをする。
・作業員に保険制度の説明を行い、労災事故に対して健康保険は使えないことを周知する。
・不休災害についても、追跡調査を行う。

④労災かくしは犯罪です！

事業者が労災事故の発生を隠すために、労働者死傷病報告書を、①故意に提出しないこと（法第 100 条違反）、②虚偽の内容を記載して提出すること（法第 120 条違反）を「労災かくし」といいます。

事業者は、労災事故が発生し、労働者が負傷した場合は、速やかに労働者死傷病報告書を労働基準監督署長に提出するとともに、労災保険の請求を行わなければなりません。労働者死傷病報告書の提出を怠ったり、虚偽の内容を報告すると 50 万円以下の罰金に処せられます。

また、労災かくしは、元請が知っていたもの、下請だけで処理したもの、下請の責任者も知らずに作業員が勝手に自ら処理して後で発覚したものに分類されます。労災かくしは、行政施策上問題があるだけでなく、被災者本人に著しい不利益をもたらすこともあります。労災かくしは、労働災害の発生状況を正確に把握することを妨げ、労働災害の防止対策の推進に支障を来たすとともに、被災労働者の適正な保護が図られないことから、厚生労働省では労災かくしの排除に向け、通達「いわゆる労災かくしの排除について」（平成 3 年 12 月 5 日付け基発第 687 号）及び「いわゆる労災かくしの排除に係る対策の一層の強化について」（平

成13年2月8日付け基発第68号）等により啓発活動を行っています。労働災害等が発生したら速やかに元請に報告させ、適正な処理を行うよう下請事業者を教育指導する必要があります。

⑤なぜ労災かくしをするのか

(1) 事業者（元請業者）が、労働基準監督署から調査や監督を受け、その結果、行政上の措置や処分が下されることを恐れて隠す。

(2) 公共工事で労災事故が起きた場合、元請業者が労災事故の発生を知った発注者から今後の受注に障害となるようなペナルティーが科されることを恐れて隠す。

(3) 労災事故を起こした下請業者が、事故の発生を元請業者に知られると、今後の受注に悪影響を及ぼすのではないかと判断して隠す。

(4) 事業者が、労災事故によって労災保険のメリット制の適用に響くため隠す。

(5) 無災害表彰の受賞や社内の安全評価、安全成績に影響を及ぼすため隠す。

(6) 労災事故を起こした下請業者が、元請の現場所長や職員の評価にかかわるため、迷惑がかからないようにと考えて隠す。

(7) 元請業者が、下請業者に対し災害補償責任を負わせるため虚偽の報告を行う。

労災事故をかくす理由としては、1つだけでなくいくつもの動機が重なって行われるケースが多く見られます。しかし、どんな理由があるにせよ、労災かくしは犯罪であり、結果として被災者やその家族をはじめ、下請業者等に多くの不利益がもたらされることを事業者はしっかりと認識しておかなければなりません。

⑥労災かくしがもたらすさまざまな弊害

(1) 労災保険による適正な給付が行われず、被災労働者や下請業者が負担を強いられることになってしまう。

(2) 事業場が労災事故をかくすことにより、自主的な再発防止対策が講じられなくなり、安全・快適職場づくりの士気が下がり、労働者のモチベーションが低下してしまう。

(3) 労働基準監督署等が、なぜ当該労働災害が発生したのか、その原因等を正確に把握できず、災害発生事業場に対し、再発防止対策を確立させることができない。

(4) 労働災害の発生原因を究明することができないため、繰り返し災害を防ぐべく同種の災害に対する適切な防止対策を講じることができない。

⑦違反業者には司法処分を含め厳しく対処

労災かくしについて、厚生労働省では司法処分を含め厳しく対処することとしています。

具体的には、労災かくしを行った事業場に対して、以下に掲げる事項に留意して対応することとしています。

(1) 事業場に対して司法処分を含め厳正に対処する。

(2) 事業者に出頭を求め、局長又は署長から警告を発するとともに、同種事案の再発防止対策を講じさせる。

(3)　全国的又は複数の地域で事業を展開している企業において労災かくしが行われた場合は、必要に応じて当該企業の本社等に対して、再発防止のための必要な措置を講じる。

(4)　建設事業無災害表彰を受けた事業場には、無災害表彰状を返還させる。

(5)　労災保険のメリット制の適用を受けている事業場では、メリット収支率の再計算を行い、必要に応じて還付金の回収を行う等適正な保険料を徴収する。

⑧労災かくし——事例

　建設現場で負傷した型枠大工が、労働基準監督署に相談に訪れたことから元請と下請の共謀による労災かくしが判明。その後、不正常な受注関係である「丸投げ」が発覚。特定元方事業開始報告違反の疑いで元請を書類送検した。

【概要】

　10階建てビルの建設現場で、作業中に2次下請の型枠大工が被災し、負傷したにもかかわらず、所轄の労働基準監督署に労働者死傷病報告を提出しなかったとして、元請A社の現場代理人、1次下請B社の営業所長、2次下請C社の代表者が、労災かくしで書類送検された。

　この労災かくしの背景には、工事の受注契約について違法な丸投げがあり、所轄の労基署ではA社が特定元方事業者であったにもかかわらず、特定元方事業開始報告を行わなかったとして書類送検した。

【事件の経緯】

　2次下請C社の型枠大工が被災したのは、型枠を3階から4階へ上げる作業中のことだった。被災者は4階に上がり、開口部の蓋（縦60cm、横120cm）を外すときに、誤って足を滑らせてしまい、その蓋が被災者の左足に当たり、左膝半月板損傷などのケガを負った。このため、約12ヵ月間にわたり休業することになった。

　本来であれば災害発生後、C社が直ちに所轄労基署へ労働者死傷病報告を提出しなければならなかったのだが、C社の代表者はA社の現場代理人、B社の営業所長と共謀し、同報告を行わないことを決定した。そのため、被災者は労災保険からの給付が受けられず、自身が加入していた国民健康保険で治療することになった。被災者には、C社から治療費などの名目で約100万円が渡されていたが、労災保険から支給される休業補償がなく、将来のことを考え不安になった被災者が所轄の労基署へ相談に訪れたことから、この労災かくしが発覚した。

○丸投げの発覚を恐れ労災かくしに走る

　A社らが、労働者死傷病報告を提出しなかった背景には、工事受注の不正常な契約関係が発覚するのを恐れたことが挙げられる。

　この工事は、都市基盤整備公団から中堅建設会社D社に発注され、D社からA社に建築一式工事が発注されていた。D社では自ら施工管理を行わず、A社が施工管理を行うという、「丸投げ」の状態であった。そのため、A社が特定元方事業開始報告を

提出しなければならなかったにもかかわらず、A社ではこれを行わず、同報告はD社の名前で提出されていた。

　このため、労働者死傷病報告を提出しなかったA社の現場代理人、1次下請B社の営業所長、2次下請C社の代表者を労働安全衛生法第100条第1項、労働安全衛生規則第97条第1項違反の疑いで、さらに特定元方事業開始報告を行わなかったA社とA社の支店長を労働安全衛生法第100条第1項、労働安全衛生規則第664条第1項違反の疑いで書類送検した。

（送検事例6（116・117頁）を参照）

(6) 罰則

　具体的な労働安全衛生法違反の刑事処罰としては以下の罰則が定められています。

①第119条（6ヵ月以下の懲役又は50万円以下の罰金）の主な適用条項
・第14条（作業主任者の選任義務）
・第20条～25条（事業者の講ずべき措置等）
・第25条の2第1項（労働者の救護に関する措置）
・第30条の3第1項、第4項（特定元方事業者等の講ずべき措置）
・第31条第1項（注文者の講ずべき措置）
・第33条第1項～2項（機械等貸与者等の講ずべき措置）
・第34条（建築物貸与者等の講ずべき措置）
・第59条第3項（安全衛生特別教育の義務）
・第61条第1項（就業制限）
・第65条第1項（作業環境測定）
・第65条の4（作業時間の制限）
・第68条（病者の就業禁止）
・第88条第7項（計画の届出等に関する命令）
・第97条第2項（労働者の申告に対する不利益禁止）
・第98条第1項、第99条第1項（使用停止命令等）
・第104条（健康診断等に関する秘密の保持）

②第120条（50万円以下の罰金）の主な適用条項
・第10条第1項、第11条第1項、第12条第1項、第13条第1項（総括安全衛生管理者、安全管理者、衛生管理者、産業医の選任義務）
・第11条第2項、第12条第2項、第15条の2第2項（安全管理者、衛生管理者、元方安全衛生管理者の増員又は解任命令）
・第15条第1項、第3項、第4項（統括安全衛生責任者の選任義務）
・第15条の2第1項（元方安全衛生管理者の選任義務）

・第16条第1項（安全衛生責任者の選任義務）

・第17条第1項、第18条第1項（安全・衛生委員会等の設置義務）

・第25条の2第2項（労働者の救護に関する技術的事項の管理者の選任義務）

・第26条（労働者の遵守義務）

・第30条第1項、第4項（特定元方事業者等の講ずべき措置）

・第32条第1項～第6項（請負人の講ずべき措置）

・第33条第3項（機械等貸与者の講ずべき措置）

・第45条第1項～2項（定期自主検査義務）

・第59条第1項～2項（安全衛生教育義務）

・第66条第1項～3項、第4項（健康診断義務、健康診断に関する指示）

・第66条の3（健康診断の結果の記録）

・第66条の6（健康診断の結果の通知）

・第88条第1項～5項（計画の届出義務）

・第91条第1項～2項、第94条第1項、第96条第1項～2項、第4項（労働基準監督官等の権限行使に対する忌避又は虚偽の陳述等）

・第98条第2項、第99条第2項（事業者等以外の労働者等への使用停止等の命令又は指示）

・第100条第1項、第3項（報告等の義務違反）

・第101条第1項（法令等の周知義務）

・第103条第1項（書類の保存義務等）

③第122条（両罰規定）

　労働安全衛生法は、労働災害を防止し、労働者の安全と健康を守ることを趣旨としています。そのために、労働災害の防止のための危害防止基準を確立し、責任体制の明確化及び自主的活動の促進の措置を講ずる等、その防止に関する総合的・計画的な対策を推進することで、職場における労働者の安全と健康を確保するとともに、快適な職場環境を促進することを目的とし様々な規制がされています。

　そして規制に違反した場合の罰則が定められており、同法における罰則は、違反した行為者はもちろんのこと、その事業主自体である法人や人も罰せられるという「両罰規定」となっています。

　従業員たる行為者が、法違反を犯せば当然処罰されますが、従業員は事業主のために事業に従事するのであり、直接の行為者でない事業主が罰せられる理由は、事業の統制者として、従業員の指揮監督権を持っており、従業員の違反行為を防止し得る立場にあり、またその事業によって得た利益を享受する事業主が全く処罰されないのは妥当ではないという考えで両罰規定が規定されています。ただし、事業主として行為者の選任、監督、その他違反行為を防止するために必要な注意を尽くしていることが証明された場合においては、この限りではないと規定しています。

〈事業主が罰せられないケースとは（最高裁判所の判例より）〉

(1) 安全衛生組織を設けていること
(2) 安全衛生管理の手段、方法等の明示がされていること
(3) 能力のある監督者が必要な権限を与えられていること
(4) 安全衛生措置に必要な予算措置が行われていること
(5) 事業者が示した手段、方法等のとおり安全衛生管理が行われており監督を尽くしていること
(6) 代表者又は代行者が下級の管理監督者の安全衛生の指揮監督の不十分や怠慢を黙認していないこと
(7) 事業者としての措置の状況を立証できる資料を残しておくこと

3．刑法上の責任

（1）業務上過失致死傷の罪（刑法第 211 条）

　刑法 211 条には「業務上必要な注意を怠り、よって人を死傷させた者は、5 年以下の懲役もしくは禁錮又は 100 万円以下の罰金に処する。重大な過失により人を死傷させた者も、同様とする。」と定められています。

　本罪は、業務上必要な注意を怠り、よって人を死傷させる犯罪をいい、過失傷害罪（刑法第209 条）と過失致死罪（刑法第 210 条）の加重類型です。業務者は人の生命・身体に対して危害を加えるおそれがある立場にあることから、このような危険を防止するため特別に高度の注意義務を課す必要があるといえるわけです。

　ここでいう「業務」とは、一般にいわれる「職業」のことではなく、「各人が社会生活上の地位に基づいて反復継続して行う行為」のことをいいます。

　また、この「業務」は適法か、あるいは違法かは関係なく（例えば、無免許運転、無許可建設業等であっても）、人命救助等の緊急避難的な特別な場合を除いて、「本人の社会生活上繰り返される行為」が第三者の生命・身体に対して危険を及ぼすおそれがある場合には「業務上過失致死傷罪」が成立するといわれています。

　「必要な注意」については、人の生命・身体に危険を及ぼすおそれのあるような「業務」を行う人には、通常の人に比べて、その業務中に他人に危険を及ぼす可能性が高いために、特別な注意義務があるとされています。その注意義務の内容については、「業務従事者は、法令等に明文がなくても、危険防止のため、慣習上、条理上、経験則上必要なあらゆる注意をする義務がある」（昭和 9 年 6 月 22 日　大審院判決）とされています。

　「重大な過失」とは、わずかな注意を払うことによって防ぐことができるのに、これを怠って、重大な結果を発生させたため、重い同義的非難が加えられる場合とされています。そして多くの業務上過失事件では、その直接の加害者だけではなく、その加害者を監督していた上位の管理監督者（現場監督）も、その責任を追及されています。

　これについての事例としては、「弁護人は被告人Aが職工であることを理由として無罪を主張するけれども、本件も木工用丸のこ盤に割刃、その他反発予防措置を取り付けることは、職長である同被告人等において業務上なすべき当然の注意義務であり、これを怠ったことが本件事故発生の原因となっているのであって、同弁護人主張の事実は、刑法上、同被告人に対し、業務上過失致死罪の成立に消長をきたすものはないから、右主張は採用されない」（昭和 24 年8 月 16 日　松江地裁今市支部判決）として、配下労働者の危険防止の注意義務が、直接の監督者にあることは当然のこととされています。

　したがって、刑事的責任においても、管理監督者の地位にある者は、重要な責任を負っていることになります。

　このように、業務上過失致死傷の罪は、組織上の下位者（実行行為者）から責任を追及していくことに対して、労働安全衛生法違反の罪は、組織上の上位者からの責任追及になっていることがわかります。

そして、中間の管理監督者は、その両方の責任を追及される立場に立つことになるわけで、建設業法に定められている現場代理人又はそれに相当する現場責任者の地位ないし立場がきわめて重要視されていることがわかります**（送検事例4（112・113頁）を参照）**。

(2) 故意犯（安衛法）と過失犯（刑法）

同じ刑事責任でも安衛法上の罪と刑法上の罪は性格が異なり、混同されやすいところです。

安衛法上の刑事罰（故意犯）と刑法上の業務上過失致死傷の罪（過失犯）との違いについて、整理しておきましょう。

故意とは？

「故意」とは、犯罪にあたる行為を意図的に行い、その結果を実現する（もしくは認容する）こと、をいいます（刑法第38条第1項）。

ただし、「その行為が犯罪だとは知らなかった」からと言って故意が否定されるわけではありません（同条第3項）。

参考）刑法
（故意）
第38条 罪を犯す意思がない行為は、罰しない。ただし、法律に特別の規定がある場合は、この限りでない。
2 重い罪に当たるべき行為をしたのに、行為の時にその重い罪に当たることとなる事実を知らなかった者は、その重い罪によって処断することはできない。
3 法律を知らなかったとしても、そのことによって、罪を犯す意思がなかったとすることはできない。ただし、情状により、その刑を減軽することができる。

過失とは？

「過失」とは、注意義務違反と理解されます。注意義務には、結果予見義務（損害の発生のおそれを予見すべき義務）と、結果回避義務（予見できた損害を回避すべき義務）があります。

4．労働基準法上等の責任

　労働災害の発生に伴って、あわせて追及される可能性のある刑事責任としては、労働基準法上の責任、また、火災・爆発事故等に関わる責任等が考えられます。

(1) 労働基準法上の責任（使用者責任）

　労働基準法（以下、「労基法」）とは、社会的・経済的に見て使用者に比べて弱い立場にある労働者を保護するものとして、賃金・労働時間・休暇といった労働条件の最低基準を定めることなどにより、労働者を保護することを目的とした法律です。

　労働者は健康で文化的な生活を送る権利を堂々と主張し、安心して働くことができ、また、使用者は労働者の権利を守りつつ効率的な会社を作り上げなければなりません。しかしながら、実際には労使間の力関係に格差があり、労働者に過酷な労働条件が強いられるなど、労働者の保護に欠けることを考慮して、労基法が定められているのです。

　労働災害の発生に伴って、使用者として追及されることとなる主な労基法上の責任と罰則を以下の①〜⑥に示します。

　なお、労基法でいう「使用者」とは「事業主又は事業の経営担当者、その他その事業の労働者に関する事項について、事業主のために行為する全ての者をいう」（労基法第10条）と定められていて、事業主だけではなく、事業主の代理人として労務管理に関する業務を行う広い範囲の人が含まれます。例えば工場であれば工場長、工事現場であれば、その作業所長、事業主の代理である安全衛生責任者等も該当します。

　「労働者」とは職業の種類を問わず、事業又は事務所に使用される者で、賃金を支払われる者を指します。すなわち他人の命令下で仕事を行い、労働の代償として賃金をもらっている者です。したがって、例えば不法就労によって入国した外国人労働者も、入国の方法は違法とはいえ、労基法上れっきとした労働者です。

　そして、当然ながら労基法違反の罪は、労働災害の発生の有無に関係なく、違反の事実が認定されれば、その罪を問われることとなります。

①寄宿舎の設備及び安全衛生（第96条）

・使用者は、事業の附属寄宿舎について、換気、採光、照明、保温、防湿、清潔、避難、定員の収容、就寝に必要な措置その他労働者の健康、風紀及び生命の保持に必要な措置を講じなければならない。

　使用者が本条に基づいて定められた措置の基準に違反すると、6ヵ月以下の懲役又は30万円以下の罰金に処せられます（第119条第1号）。

②危険有害業務の就業制限（第62条）

・使用者は、満18歳に満たない者に動力によるクレーンの運転等の危険な業務や重量物を取り扱う業務及び劇薬物等の有害な原材料を取り扱う業務並びに有害ガスを発散する場所等の

有害な場所における業務に就かせてはならない。

使用者が本条に基づいて定められた措置の基準に違反すると、6ヵ月以下の懲役又は30万円以下の罰金に処せられます（第119条第1号）。

③坑内労働の禁止（第63条）

・使用者は、満18歳に満たない者を坑内で労働させてはならない。

使用者が本条に違反して年少者を坑内労働に従事させると、1年以下の懲役又は50万円以下の罰金に処せられます（第118条第1項）。

④坑内業務の就業制限（第64条の2）

・使用者は妊娠中の女性及び坑内で行われる業務に従事しない旨を使用者に申し出た産後1年を経過しない女性を坑内で行われるすべての業務に就かせてはならない。また、前記以外の満18歳以上の女性を坑内で行われる業務のうち人力により行われる掘削の業務その他有害な業務に就かせてはならない。

使用者が本条に違反して年少者を坑内労働に従事させると、1年以下の懲役又は50万円以下の罰金に処せられます（第118条第1項）。

⑤危険有害業務の就業制限（第64条の3）

・使用者は妊娠中の女性及び産後1年を経過しない女性を、重量物を取り扱う業務、有害ガスを発散する場所における業務、その他妊産婦の妊娠・出産・哺育等に有害な業務に就かせてはならない。また、妊産婦以外の女性に関してもその業務に就かせてはならない。

使用者が本条に基づいて定められた措置の基準に違反すると、6ヵ月以下の懲役又は30万円以下の罰金に処せられます（第119条第1号）。

⑥両罰規定（第121条）

前述のとおり、労基法でいう「使用者」とは、事業主と事業主の代理人として事業に関わる労働者の管理を行うすべての人と定められています。

したがって、前項の使用者責任に違反した人が、事業主のために行った代理者、使用人その他の従業者であった場合には、事業主に対しても、各条に定められた罰金刑が科されることになります。ただし、労働安全衛生法違反の両罰規定と同じように、その違反行為が、事業主が違反の防止に必要な措置を行ったにもかかわらず、その措置に反して行われた場合には、免責されることになります。

(2) 火災・爆発事故等の刑法上の責任

火災・爆発事故等が発生した場合、消防法による防火対象物の関係者（事業者等）の責任が問われるほか、火災・爆発事故等の直接の原因者に対しても、以下に示す刑法上の責任が問われることもあります。

①失火（第116条）

・失火により人がいる建造物等又は他人の所有する建造物等を焼損した者は、50万円以下の罰金に処する。

②激発物破裂罪（第117条第2項）

・人がいる建造物又は他人の所有する建造物を、過失により火薬・ボイラーなどを破裂させて損壊した者は、50万円以下の罰金に処する。

③業務上失火の罪（第117条の2）

・失火又は激発物破裂の行為が業務上必要な注意を怠ったことにあるとき、又は重大な過失によるときは3年以下の禁錮又は150万円以下の罰金に処する。

④ガス漏出及び同致死傷（第118条）

・ガス、電気又は蒸気を漏出させ、流出させ又は遮断し、よって人の生命、身体又は財産に危険を生じさせた者は、3年以下の懲役又は10万円以下の罰金に処する（第1項）。

・前項の行為が人を死傷させた者が傷害の罪と比較して、重い罪により処断する（第2項）。

〈トピック〉

業務上失火に係る送検事例

発泡ウレタンが吹き付けられたホール天井にあったボルトをガス溶断していた際、溶断の炎が発泡ウレタンに引火し爆発的に燃焼した。その時、天井裏で作業していた作業員が焼死した。

    被疑者　：ガス溶断を行っていた作業者
    違反条文：刑法第117条の2　業務上失火

5．特別法上の責任（火薬類取締法）

　建設業に関わりの深い特別法に、火薬類取締法があります。同法における主要事項を下記に示します。

1　目的
　火薬類の製造・販売・貯蔵・運搬・消費・その他取り扱いを規制することにより、火薬類による災害を防止し、公共の安全を確保することを目的としている（第1条）。

2　定義
　「火薬類」とは、下記の火薬、爆薬及び火工品をいう（第2条）。
　（1）火薬（黒色火薬、無煙火薬など）
　（2）爆薬（雷こう、硝安爆薬、ニトログリセリン、ダイナマイト、液体酸素爆薬など）
　（3）火工品（電気雷管、実包、導爆線、煙火など）

3　貯蔵に関する規定
　（1）貯蔵
　　火薬類の貯蔵は火薬庫においてしなければならない（第11条）。
　　本条第1項の規定に違反した者は、1年以下の懲役又は50万円以下の罰金に処し、又はこれを併科する（第59条2項）。
　　本条第2項の規定に違反した者は、30万円以下の罰金に処する（第60条1項）。
　（2）火薬庫
　　火薬庫を設置し、移転し又は構造若しくは設備を変更しようとする者は、都道府県知事の許可を受けなければならない（第12条）。
　　本条第1項の規定による許可を受けないで火薬庫を設置し、移転し、又はその構造若しくは設備を変更した者は、1年以下の懲役又は50万円以下の罰金に処し、又はこれを併科する（第59条3項）。
　　本条第2項、本条の2第2項の規定に違反した者は、20万円以下の罰金に処する（第61条4項）。
　　火薬庫の所有者又は占有者は、火薬庫をその構造、位置及び設備が技術上の基準に適合するように維持しなければならない（第14条）。
　　本条第1項の規定に違反した者は、30万円以下の罰金に処する（第60条1項）。

4　消費
　　火薬類を爆発させ、又は燃焼させようとする者は、都道府県知事の許可を受けなければならない（第25条）。
　　本条第1項の規定に違反し、許可を受けないで火薬類を爆発又は燃焼させた者は、1年以下

の懲役又は 50 万円以下の罰金に処し、又はこれを併科する（第 59 条 5 項）。

　火薬類の爆発又は燃焼は、経済産業省令で定める技術上の基準に従ってこれをしなければならない（第 26 条）。

　本条の規定に違反した者は、30 万円以下の罰金に処する（第 60 条 1 項）。

5　保安責任者の選任届

　保安責任者若しくは取扱副保安責任者を選任したときは、その旨を経済産業大臣又は都道府県知事に届け出なければならない。これを解任したときも同様である（第 30 条）。

　本条第 3 項の規定に違反し届出をせず、又は虚偽の報告をした者は、20 万円以下の罰金に処する（第 61 条 4 項）。

　保安責任者の代理者を選任し、職務を代行する場合は、この法律及びこの法律に基づく命令の規定の適用については、これを保安責任者とみなす（第 33 条）。

　本条第 2 項の規定に違反し届出をせず、又は虚偽の報告をした者は、20 万円以下の罰金に処する（第 61 条 4 項）。

6　両罰規定

第 62 条　法人の代表者又は法人若しくは人の代理人、使用人その他の従業者が、その法人又は人の業務に関し、第 58 条、第 59 条、第 60 条又は第 61 条の違反行為をしたときは、行為者を罰するほか、その法人又は人に対して各本条の罰金刑を科する。

〈トピック〉

火薬類取締法に係る送検事例

道路新設工事の明かり発破において、飛散防止措置等の不備により飛石が発生し、小石が近隣の工場の屋根に飛散した。施工者はこれに気付かず、後日工場の従業員からの通報で明らかになった。
　　被疑者　　：火薬消費許可を受けていた元請会社所長
　　違反条文：火薬類取締法第 46 条　事故届等

Ⅱ民事責任

刑事責任
- ●送検とは
- ●労働安全衛生法上の責任
- ●刑法上の責任
- ●労働基準法上等の責任
- ●特別法上の責任

民事責任
- ●不法行為責任
- ●運行供用者責任
- ●注文者責任
- ●土地工作物等の瑕疵責任
- ●債務不履行責任
  - ●過失相殺
    - ●責任の所在
    - ●立証責任とは

Ⅱ

社会的責任
- ●社会の一員としての責任
- ●労働災害に伴う企業の社会的責任

行政責任
- ●労働安全衛生法上の責任
- ●建設業法上の責任
- ●労働基準法上等の責任

　民事（民法上の）責任とは、被害者の損害を回復、又はその損害を補填するために、加害者と被害者との間でその負担を公平に行い、被害者の救済を図る損害賠償義務のことをいいます（P148「高額労災判例一覧」（Ⅶ. 資料8）参照）。

　労働災害が起きた場合、労災保険法に基づく法定の補償制度がありますが、この法定補償制度が適用されたからといっても、被災労働者が被ったすべての損害が補填されるわけではありません。最近では、この法定補償制度では補填されない財産的損害及び精神的損害を、被災労働者や遺族から使用者等に請求するケースが一般的となっていて、この請求の根拠になっているのが民法ということになります。

〈労災補償責任と損害賠償責任〉

損　害	補　償	
治療費（葬儀費）	療養補償給付 介護補償給付 （葬祭料給付）	
逸失利益 （賃金の喪失）	休業補償給付 障害補償給付 遺族補償給付 傷病補償年金	過失相殺・寄与率の減額あり
	〔損害賠償〕	
慰謝料（精神的苦痛）（入・通院期間、後遺症、死亡者本人、近親者）	〔損害賠償〕	

労働災害に伴う損害賠償請求の民法上の根拠

1. 不法行為責任に対する損害賠償請求	加害者責任	民法第709条
	使用者責任	民法第715条
	注文者責任	民法第716条
	共同不法行為者の責任	民法第719条
2. 土地工作物等の瑕疵責任に対する損害賠償請求	占有者又は所有者の責任	民法第717条
3. 債務不履行責任に対する損害賠償請求	使用者の責任	民法第415条（労働契約法第5条）

　民事賠償請求は、法定補償では補償の対象とならない損害（例えば、精神的苦痛に対する慰謝料等）の補填を求めることです。そしてその解決方法は、次の手順で行われます。

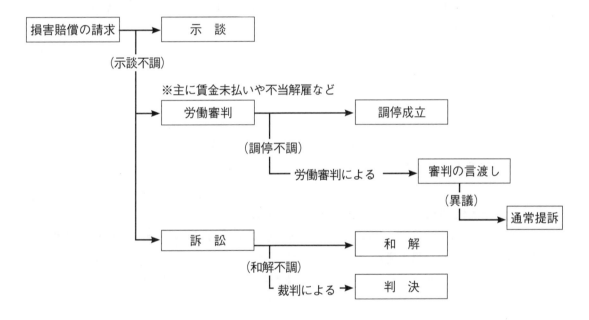

〈労働審判制度とは〉

　地方裁判所に設けられたもので、労働審判官（裁判官）と労働関係の専門家である労働審判員2名の計3名で組織された労働審判委員会が、個別労働紛争（労災民事事件も含む）を、3回以内の期日で審理し、適宜、調停を試み、調停がまとまらなければ、事案の実情に応じた柔軟な解決を図るための判断（労働審判）を行うという、平成18年4月1日からスタートした新しい紛争解決制度です。労働審判に対する異議申立てがあれば、申立て時に遡って、訴訟に移行します。確定した労働審判や成立した調停の内容は、裁判上の和解と同じ効力があり、強制執行を申し立てられます。

1．不法行為責任

　故意又は過失によって、他人の権利又は法律上保護される利益を侵害した者は、これによって生じた損害を賠償する責任を負うとされており、これを不法行為責任といいます。不法行為責任は、交通事故が発生した場合など、契約関係等のない当事者間でも成立します。

　労働災害における不法行為責任とは、故意又は過失によって労働災害を発生させた場合の加害者責任（損害賠償義務）を指し、その加害者の行為が業務中の場合には、加害者を使用している事業者にも、損害賠償責任（使用者責任、注文者責任）があるとされています。

　不法行為責任は、労働災害防止のために客観的に可能と思われる必要な措置を怠った場合（注意義務違反）に問われることになり、そのことを「立証」する責任は請求者（被害者側）にあると定められています。

　労働災害における不法行為責任に基づく損害賠償請求権は、損害及び加害者を知ったときから5年間行使しないと時効が成立し、また、不法行為が行われたときから20年を過ぎると、損害賠償請求の権利は消滅することになります（民法第724条「不法行為による損害賠償請求権の期間の制限」、同法第724条の2「人の生命又は身体を害する不法行為による損害賠償請求権の消滅時効」）。

①加害者責任（民法第709条）

・故意又は過失によって他人の権利又は法律上保護される利益を侵害した者は、これによって生じた損害を賠償する責任を負う。

②使用者責任・代理監督者責任（民法第715条）

・事業のために他人を使用する者は、被用者がその事業の執行について第三者に加えた損害を賠償する責任を負う（第1項）。

・使用者に代わって、その事業を監督する者もまたその責任を負う（第2項）。

注）自動車事故の場合は、運行の形態等によって「運行供用者責任」が発生することになる。

③注文者責任（民法第716条）

・注文者は請負人がその仕事について第三者に加えた損害を賠償する責任を負わない。ただし、注文又は指図についてその注文者に過失があったときは、この限りでない。

④共同不法行為責任（民法第719条）

・数人が共同の不法行為によって他人に損害を加えたときは、各自が連帯してその損害を賠償する責任を負う。共同行為者のうち、いずれの者がその損害を加えたかを知ることができないときも同様とする（第1項）。

・行為者を教唆した者及び幇助した者は、共同行為者とみなし、その損害を賠償する責任を負う（第2項）。

　民法上では、業務の従事者本人又は管理監督者等の労働者個人の責任も定めていますが、最近では、安全衛生管理の責任は最終的には企業にあるとの観点から、個人責任よりも企業自体の責任を追及する動きが大勢を占めています。また、使用者責任における「使用関係」とは、形式的な雇用契約の有無ではなく、実質的な指揮・監督又は支配従属関係で判断されていて、形式的には、下請に雇用されている労働者の行為であっても、実態が支配従属関係にあれば、元請の事業者にも「使用者責任」が及ぶこともあります。

2．運行供用者責任

　自動車損害賠償保障法第3条では「自己のために自動車を運行の用に供する者は、その運行によって他人の生命又は身体を害したときは、これによって生じた損害を賠償する責に任ずる。ただし、自己及び運転者が自動車の運行に関し注意を怠らなかったこと、被害者又は運転者以外の第三者に故意又は過失があったこと並びに自動車に構造上の欠陥又は機能の障害がなかったことを証明したときは、この限りではない」と規定し、運行供用者が損害賠償責任を負うことを明らかにしています。

　運行供用者というのは、自動車の使用権の有無にかかわらず、自己のために自動車を運行の用に供している者であれば、すべてそれを含む概念です。これは、自賠責法第2条第3項に規定されている「保有者」よりも広い概念といえるでしょう。

　また、判例においては、運行供用者とは「自動車の運行を事実上支配、管理することができ、社会通念上その運行が社会に害悪をもたらさないよう監視、監督すべき立場の者」（昭和50年11月28日　最高裁判決）というように、管理責任を負う者が運行供用者であるという考え方に解釈が拡張されています。

3．注文者責任

　民法第716条では「注文者は、請負人がその仕事について第三者に加えた損害を賠償する責任を負わない。ただし、注文又は指図についてその注文者に過失があったときは、この限りではない」と規定し、請負契約における注文者と請負人との関係は、民法第715条の使用者と被用者との関係のような指揮命令関係にあるわけではないため、請負人の行為につき、注文者が責任を負わないのが原則であるとしていますが、同条の趣旨は、請負契約では請負人は、注文者から独立した自らの判断で仕事をするものであるから、請負人の行為というだけで注文者が不法行為責任を負うことはなく、注文者が責任を負うとすれば、それは注文者自身の行為が民法第709条の不法行為の要件を具備していることが必要だというのが、判例のとる立場だとされています。

　この場合、請負人の行為自体が不法行為の要件を満たす必要はなく、注文者の責任の有無は、請負人に対する注文・指図に過失があるか否かにかかり、これが立証できれば、請負人の工事による欠陥について、注文者に対して損害賠償請求が可能となるとされています。

　なお、同条ただし書の『注文』には、請負人の『選任』も含まれると解されますので、予見される損害を回避し得る技量を備えていない請負業者に工事を発注したこと自体、注文者の過失といえる場合もあるとされています。

　さらに、損害の予見可能性があれば、注文者には、自ら又は請負人をして回避措置を講ずべきであり、単に注文・指図に過失がなかったかという単純な理由では責任を免れることはできないとされています。

　判例でも、国道沿い山腹の擁壁補強工事中の崩壊による事故死につき、工事注文者であるＹ市としては、事前に擁壁の内部構造を調査したうえで施工方法を決定し、かつ、請負事業者に対して事故防止措置をとるよう指示すべき注意義務があったのにこれを怠ったとして、民法第716条ただし書を適用して損害賠償請求を認容しています（昭和58年10月18日　最高裁第三小法廷判決、京都市事件）。

4．土地工作物等の瑕疵責任

　労働災害において、工作物にあたる建設物、機械・設備等の使用について、労働者が異常な使用をしなかったのに、その物自体の欠陥によって事故が発生した場合に事業主、又は注文者に損害賠償義務が生じます。この工作物の瑕疵責任も、具体的な「瑕疵」の「立証責任」については、「不法行為責任」と同様、被害者側にあります。しかし、労働災害の場合には、被害者保護の見地から不可抗力的な原因等のよほど特別な事情がない限りは、「瑕疵が推定される」として、比較的容易に認められる傾向にあります。

①土地の工作物等の占有者及び所有者の責任（民法第717条第1項）

・土地の工作物の設置又は保存に瑕疵があることによって他人に損害を生じたときは、その工作物の占有者は、被害者に対してその損害を賠償する責任を負う。ただし、占有者が損害の発生を防止するのに必要な注意をしたときは、所有者がその損害を賠償しなければならない。

　注）土地の工作物等とは、建物、道路、橋、地下タンク、トンネル、堤防、側溝、足場、電柱等の地上及び地下に人工的に設置（設備）された各種の構築物を広く含む。

　設置・保存の瑕疵というものは、そのものが本来備えていなければならない性質、機能、設備を欠いていることであって、つまり欠陥があることをいい、その欠陥の原因についての故意、過失の有無には関係なく、客観的に判断されることになります。

5．債務不履行責任

　事件・事故の加害者と被害者の間に契約があるなど、加害者が被害者に対して義務を負っている場合に、加害者がその義務を履行しなかったために被害者が損害を被ったときは、加害者は被害者に対してその損害を賠償する義務を負います。これを「債務不履行責任」といいます。

　債務不履行による損害賠償義務は、使用者と労働者との間に使用従属関係があり、また、使用者に安全配慮義務違反があって、この違反と労働者の損害との間に因果関係があることが成立の必要条件となります。また、債務不履行の「立証責任」は、債務者（使用者）側にあり、したがって安全配慮義務を尽くしたこと（危険防止のために実施した万全の措置内容）を、証明する必要が使用者側にあります。この点が前記の不法行為責任及び土地工作物等の瑕疵責任とは大きく異なるところです。

　債務不履行責任に基づく損害賠償請求権の消滅時効については、

- ●権利を行使することができることを知った時から**5年間**（民法第 166 条第 1 項第 1 号）
- ●権利を行使することができるときから**20 年間**（同法第 167 条）

と規定されています（**P42 のコラムも参照**）。

　従来、この時効期間の起算点がいつになるのかが、重要な争点となっていましたが、令和 2 年 4 月施行の改正法ではこの点が整理され、上記の通り明確化されました。

(1) 債務不履行による損害賠償責任（民法第 415 条（労働契約法第 5 条））

　債務不履行とは、債務者が債務の主旨に従った債務を履行しないことをいいます。労働契約において、使用者は労働者の労務の提供に対して、賃金の支払い義務のほかに、生命及び健康等を業務の危険から保護するよう配慮すべき義務「安全配慮義務」を負っていて、その義務（債務）を怠った場合は債務不履行となって、使用者に損害賠償の責任があるとされたものです（昭和 50 年 2 月 25 日　最高裁第 3 小法廷判決、陸上自衛隊八戸整備工場事件）。この義務は、刑法上の注意義務と同様に、労働者が従事している業務から、その労働者に対して、どのような生命・身体・健康に対する危険が発生するかを予知し、その予知した危険要因に対して、結果を回避するための万全な措置を講ずることが求められています。

　なお、このような判例により広く定着してきた「安全配慮義務」の考え方は、平成 20 年 3 月に施行された「労働契約法第 5 条（労働者の安全への配慮）」において、「使用者は、労働契約に伴い、労働者がその生命、身体等の安全を確保しつつ労働することができるよう、必要な配慮をするものとする。」として明文化されました。

Ⅱ

民事責任

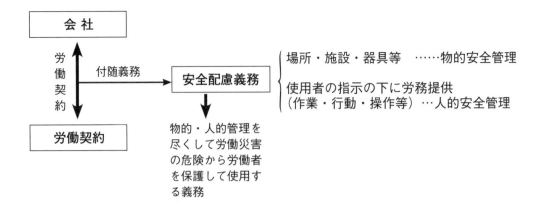

(2) 特別な社会的接触に基づく安全配慮義務

　労働契約法第5条に定める労働契約の付随義務だけでなく、判例上、「安全配慮義務は、ある法律関係に基づいて特別な社会的接触の関係に入った当事者間において、当該法律関係の付随義務として当事者の一方又は双方が相手方に対して信義則上負う義務として一般的に認められるべきものである」（前掲昭和50年2月25日判決）とされており、元請負人と下請負人の労働者、注文者と請負人の労働者といった間接的な指示、命令関係においても認められます。

〈元請負人・発注者の安全配慮義務〉

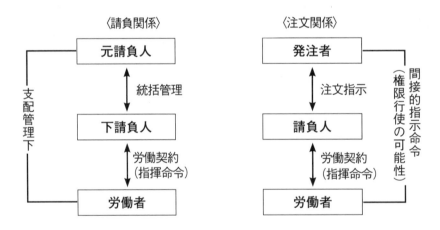

(3) 安全配慮義務の具体的内容

①物的、環境的危険防止義務

・施設、設備、建物、材料等の不備・欠陥によって生ずる労働災害の危険防止義務。

②作業行動上の危険防止義務

・労働者自身や同僚、上司、職制等の行う作業、通行行為等の不安全性によって生ずる労働災害の危険防止義務。

③作業内容上の危険防止義務

・作業方法自体の不安全性、労働条件の不備・不遵守による労働災害の危険防止義務。

④健康上の増悪防止義務

・労働者に対する健康診断実施義務。健康診断の結果に応じて労務管理上の適切な措置を講ずべき義務。

⑤寮・施設管理上の危険防止義務

・寮の建物、設備、運営管理上等の不備・欠陥によって生ずる危険防止義務。

（4）安全配慮義務違反の事例

　労働災害が発生した場合に、安全配慮義務違反を問われる事例としては、次のようなケースがあり、単に労働安全衛生法を守っているだけで免責されるわけではありません。これは、労働安全衛生法第3条では、「事業者は、単にこの法律で定める労働災害の防止のための最低基準を守るだけでは足りず、快適な作業環境の実現と労働条件の改善を通じて職場における労働者の安全と健康を確保しなければならない」と規定していて、「労働安全衛生法を単に守っているだけでは労働災害を防止することはできない」という前提に立っているからです。

〈安全配慮義務違反が成立する場合とは〉

①労働基準法、労働安全衛生法、労働安全衛生規則等の違反がある場合
②就業規則、安全衛生管理規定等の違反により、災害等が発生した場合
③法令等に定めはないが、当然安全上必要な措置を怠った場合
④環境の変化等の状況に応じた安全衛生対策を講じていない場合
⑤災害発生の結果について、予見可能・防止可能の場合

コラム
消滅時効について

　消滅時効とは、権利を行使できるにもかかわらず一定期間行使しないことによりその権利を消滅させることにする制度のことです。

　改正前の民法では、不法行為、債務不履行に基づく損害賠償請求権を行使することができる期間をそれぞれ以下のとおり定めていましたが、人の生命又は身体が侵害された場合であるか、その他の利益が侵害された場合であるかの区別はされていませんでした。

不法行為に基づく損害賠償請求権
　損害及び加害者を知った時から3年以内であり、かつ、不法行為の時から20年以内

債務不履行に基づく損害賠償請求権
　権利を行使することができる時から10年以内

　しかし、人の生命・身体という利益は、財産的な利益などと比べて保護すべき度合いが高く、その侵害による損害賠償請求権については、権利を行使する機会を確保する必要性が高いといえます。また、生命・身体について深刻な被害が生じた後、被害者は、通常の生活を送ることが困難な状況に陥るなど、速やかに権利を行使することが難しい場合も少なくありません。

　このような観点から、民法の一部が改正され、2020年4月1日から施行されました。改正後の民法では、人の生命又は身体の侵害による損害賠償請求権について、権利を行使することができる期間を長くすることとしました。不法行為と債務不履行のいずれの責任を追及する場合でも、人の生命又は身体の侵害による損害賠償請求権の消滅時効期間は、損害及び加害者を知った時（権利を行使することができることを知った時）から5年、不法行為の時（権利を行使することができる時）から20年になりました。

42

民法改正（2020年4月1日施行）による権利行使機関の変化

		審 査 項 目	項目区分ごとの点
改正前の民法		損害及び加害者を知った時から3年以内であり、かつ、不法行為の時から20年以内	権利を行使することができる時から10年以内
改正後の民法	①損害賠償請求権一般（②を除く）（物的損害）	改正前と同じ	権利を行使することができることを知った時から5年以内であり、かつ、権利を行使することができる時から10年以内（※）
	②人の生命又は身体の侵害による損害賠償請求権（人的損害）	損害及び加害者を知った時から5年以内であり、かつ、不法行為の時から20年以内	権利を行使することができることを知った時から5年以内であり、かつ、権利を行使することができる時から20年以内（※）

※改正後の民法では、債務不履行に基づく損害賠償請求権において、権利を行使することができることを知った時から5年の消滅時効期間が新設されますが、これは職業別の短期消滅時効の特例が廃止されたことに伴う見直しであり、人の生命・身体の侵害による損害賠償請求権の履行確保とは異なる理由によるものです。

（債権等の消滅時効）

第166条　債権は、次に掲げる場合には、時効によって消滅する。

　　一　債権者が権利を行使することができることを知った時から5年間行使しないとき。

　　二　権利を行使することができる時から10年間行使しないとき。

2　債権又は所有権以外の財産権は、権利を行使することができる時から20年間行使しないときは、時効によって消滅する。

3　前2項の規定は、始期付権利又は停止条件付権利の目的物を占有する第三者のために、その占有の開始の時から取得時効が進行することを妨げない。ただし、権利者は、その時効を更新するため、いつでも占有者の承認を求めることができる。

（人の生命又は身体の侵害による損害賠償請求権の消滅時効）

第167条　人の生命又は身体の侵害による損害賠償請求権の消滅時効についての前条第1項第二号の規定の適用については、同号中「10年間」とあるのは、「20年間」とする。

（不法行為による損害賠償請求権の消滅時効）

第724条　不法行為による損害賠償の請求権は、次に掲げる場合には、時効によって消滅する。

　　一　被害者又はその法定代理人が損害及び加害者を知った時から3年間行使しないとき。

　　二　不法行為の時から20年間行使しないとき。

（人の生命又は身体を害する不法行為による損害賠償請求権の消滅時効）

第724条の2　人の生命又は身体を害する不法行為による損害賠償請求権の消滅時効についての前条第一号の規定の適用については、同号中「3年間」とあるのは、「5年間」とする。

労働災害における時効期間（生命・身体の侵害による損害賠償請求権）

◆ 不法行為・債務不履行があった時と加害者及び損害を知った時が同一時点の場合

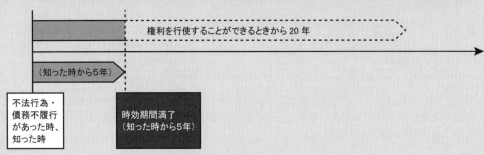

◆ 不法行為・債務不履行があった時と加害者及び損害を知った時が異なる場合①
　（知った時から5年で時効が完成する場合）

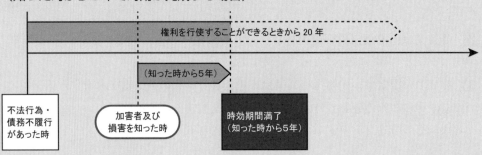

◆ 不法行為・債務不履行があった時と加害者及び損害を知った時が異なる場合②
　（不法行為・債務不履行があった時から20年で時効が完成する場合）

6．過失相殺

　過失相殺とは、債務不履行又は不法行為に基づく損害賠償を請求する際に、請求者の側にも過失があったときに裁判所がその過失を考慮して賠償額を減額することです（民法第 418 条、722 条 2 項）。債務不履行の場合は賠償額の減額だけでなく、損害賠償責任そのものについても考慮されますが、不法行為の場合はその点は考慮されません。

　労働災害における過失相殺とは、被災者に過失がある場合に、過失割合に応じた金額を損害賠償から減額することです。被災者は通常、労働災害による損害賠償請求を行う場合、相手方（通常は事業主）に故意又は過失が 100％あることを前提にしています。しかし、労働災害の内容をよく検討してみると必ずしも事業者ばかりが責められる事案とは限りません。例えば、誤った行動による高所からの墜落・転落災害や機械の誤操作に基づく災害など、労働者の不注意等に起因する災害がよくあります。このような労働者の不注意に基づく損害賠償の減額のことを「過失相殺」といいます。

　労働災害に基づく損害賠償の裁判において、過失相殺は広く認められており、損害賠償額から被災者側に一定の過失があるとして損害賠償請求額から被災者の過失割合（一般的には％あるいは率）で損害賠償額を減額する形をとります。

　なお、被災者が不法行為によって損害を受けた場合に受領した労災保険給付を控除する制度がありますが、この場合は損益相殺といい、損害額の減額の一つですが、過失相殺とは異なります。

　債務不履行（安全配慮義務違反）の場合には、民法第 418 条で「債務の不履行又はこれによる損害の発生若しくは拡大に関して債権者に過失があったときは、裁判所は、これを考慮して、損害賠償の責任及びその額を定める」と規定しています。

　不法行為の場合には、民法第 722 条第 2 項で「被害者に過失があったときは、裁判所は、これを考慮して、損害賠償の額を定めることができる」と規定しています。

　債務不履行の過失相殺では、「責任」を定める過失相殺もあると規定されていることから、債権者の過失が重大な場合、債務者の責任を否定することも可能であり、そのようなことまで認めていない不法行為の過失相殺とは異なっています。

　また、債務不履行の場合は「定める」と規定されていて、裁判所の裁量ではなく過失があれば必ず過失相殺されるのに対し、不法行為の場合には「定めることができる」と規定されていて、裁判所の裁量によるものとなっています。

　過失割合の考慮にあっては、労働安全衛生法第 26 条が「労働者は、事業者が第 20 条から第 25 条まで前条第 1 項の規定に基づき講ずる措置に応じて、必要な事項を守らなければならない」と規定し、安全管理措置については一次的には使用者において行うことを前提としています。

　また、仮に労働者の不注意が大きかったとしても、当該労働者が新人等であったため、作業経験が浅かったなどの事情が認められるような場合には、過失相殺による減額幅も小さくなります。

【（過失割合一覧表）（厚労省労働基準局労災管理課編『労災民事損害賠償基礎に関する調査研究』より）】

II

民事責任

7．責任の所在

(1) 施主に対する責任

　施主（発注者）も工事を元請会社に請け負わせるので注文者としての責任は発生してきます。しかし、労働災害が発生した場合には、労働者を使用していた使用者（あるいはその元請など）が損害賠償責任（連帯して）を負い、施主（発注者）まで損害賠償責任を負うことは多くはありません。

　ではどのような場合に施主（発注者）に対する責任が発生するのかというと、「注文又は指図についてその注文者に過失があった場合」と民法第716条でただし書に規定しています。「注文」には、請負人の「選任」も含まれていると解されますので予見される損害を回避し得る技量を備えていない元請会社に工事を発注したこと自体、注文者の過失といえる場合があるとされています。また、当然のことながら違法な指示による災害が発生した場合にも責任が生じてきます（**P37「3. 注文者責任」も参照**）。

(2) 元請会社・下請会社に対する責任

　元請会社と下請会社との間には請負契約が交わされています。民法第632条において「請負は、当事者の一方がある仕事を完成することを約し、相手方がその仕事の結果に対してその報酬を支払うことを約することによって、その効力を生ずる」と定められています。さらに言うと、「請負」とは注文者（元請等）から受けた仕事を、受注者（下請）が自己の雇用する労働者（使用従属関係）を使って、注文者（元請等）から独立して完成させるものと定められています。

　このようなことから下請会社の労働者が労働災害に遭った場合には、下請会社の事業者は民法第415条の債務不履行による損害賠償責任を負います。会社は、労働者に対し「労働者が労務提供のため設置する場所、設備もしくは器具等を使用し又は使用者の指示のもとに労務を提供する過程において、労働者の生命及び身体等を危険から保護するように配慮すべき義務」（昭和59年4月10日　最高裁判決）を負っています。これを「安全配慮義務」といいます。

　では、元請会社に対する責任はどのように関わってくるのでしょうか。当然のことながら、下請会社の労働者と元請会社には雇用関係はなく使用従属関係は成立していません。しかし、労働安全衛生法第29条（元方事業者の講ずべき措置）・同法第30条（特定元方事業者の講ずべき措置）にあるとおり、下請会社や下請会社の労働者に対して法令等の違反がないよう指導監督する立場であり混在作業から生ずる労働災害を防止する立場であることから、民法第715条の使用者責任や安全配慮義務が生じて、下請会社と連帯し損害賠償責任が発生してくるのです。

(3) 一人親方・個人事業主に対する責任

　労働基準法や労災保険法では、労働者ではない一人親方や個人事業主は適用されませんが、業務の実態や災害の発生状況から労働者に準じて労災補償制度の保護が必要と認められる人

で、一定の人に希望により特別に労災保険の加入を認められる特別加入制度があります（中小事業主等・一人親方等・特定作業従事者・海外派遣者の4種類）。

　国が行う保険制度等は損害賠償責任とは別の話であり、前述したとおり民法第715条の使用者責任や安全配慮義務が生じて、元請会社として下請会社と連帯し損害賠償責任が発生してくる可能性は高いといえます。

(4) 工事事故に巻き込まれてしまった通行人等一般人に対する責任

　労働災害の発生により労働者等が被災した場合の元請会社・下請会社が負う損害賠償責任は今まで述べたとおりですが、業務遂行上において第三者（通行人等一般人）にケガなどを負わせた場合は「不法行為責任に対する損害賠償請求」が発生し、民法第709条（加害者責任）、民法第715条（使用者責任・代理監督者責任）、民法第716条（注文者責任）、民法第719条（共同不法行為責任）に問われます。

　不法行為責任とは、故意又は過失によって災害を発生させた場合の加害者責任（損害賠償義務）で、加害者の行為が業務中の場合には、加害者を使用している事業者にも損害賠償責任（使用者責任、注文者責任）が発生してきます。

(5) ケース別の責任（事故事例）

○自動車の事故について

・労働者が通勤の際にマイカーを使用して事故で本人が負傷した場合は、一般的には「通勤災害」に該当し、自損事故であれば労災保険で処理し、相手がいるときは相手の車の自賠責保険で処理をすることになります。自賠責保険の限度額を超えた場合は、労災保険から支給されます。

・労働者が通勤の際にマイカーを使用して事故で第三者を負傷させた場合は、通勤に使用しているマイカーを業務にも継続的・反覆的に使用している場合は、通勤途上であっても、事業主は民法第715条の使用者責任と自賠法第3条の運行供用者責任を追及されます。しかし、業務には一切使用せず、専ら通勤にのみ使用しているのであれば事業主への責任は及びません。

・労働者が業務遂行中に事故で第三者を負傷させた場合は、先に述べたとおり使用者責任及び運行供用者責任は免れません。

　※自賠法3条がなぜ労災事故の損害賠償に使用されるのかは、この自動車は一般の自動車ばかりでなく、運搬機械や建設作業機械で道路運送車両として登録しているものも含まれることになっているからです（自賠法第2条第1項、道路運送車両法第2条第2項）。例えば、移動式クレーン、ドラグショベル、ブルドーザー、フォークリフト等であっても道路運送車両として登録があれば自動車に該当します。そして、そのような自動車については、走行状態における事故だけではなく、機械としてその機械固有の装置をその目的に従って運転している場合も含まれ、事故の態様は一般の自動車よりも広範囲になります。

・資材運搬業者の運転手が業務遂行中にケガをした場合は、労災保険は元請の労災保険を使用

するのではなく、運送業の労災保険を使用します。また、交通事故で第三者に危害を加えた場合は、自賠責保険・自動車の任意保険で処理をすることになりますが、その事故の責任が元請会社に対して問われるかどうかはケースバイケースであり、結論は事案ごとの事情によって変わってきます。

○不法就労者の災害事例について

・不法就労で日本から退去強制されるはずの外国人労働者が労災事故に遭い、事業者の損害賠償責任がどのように発生したかを説明します。外国人労働者は、製本機に右手人差指を挟まれてその末節部分を切断し障害等級11級7号の認定を受けました（ちなみに労災保険は、不法就労者においても適用されます）。この際に問題となったことは、不法就労者の場合の逸失利益の算定が問題となり、結果、日本に滞在できる期間を退社の日の翌日から3年間とし、その後は母国で就労しているとして逸失利益の計算がなされ事業者に対し195万円（慰謝料175万円・弁護士費用20万円）の損害賠償が命じられた過去の判例があります。不法就労者なので逸失利益の算定をすべて母国で算定する考えもありましたが、3年間の日本での就労期間が採用された確たる根拠はありません。

○過労自殺の事例について

・働き過ぎにより健康障害が生じて、過労死等が多発し大きな社会問題となっていることから、厚生労働省は過労死ライン（働く上で健康障害を発症した際の基準となる時間のことをいう）を設けて労働災害と認定の因果関係が判断できるよう監督を行っています。過労死ラインは80時間（月に20日出勤とすると、1日4時間以上の残業・12時間労働）とされています。これは、健康障害の発症2～6ヵ月間で平均80時間を超える時間外労働をしている場合、健康障害と長時間労働の因果関係を認めやすいという目安です。また、発症1ヵ月前は、100時間（月に20日出勤とすると、1日5時間以上の残業・13時間労働）を超える時間外労働をしている場合も、同様に健康障害と長時間労働の因果関係を認めやすいとされています。

「過労死等」とは、過労死等防止対策推進法第2条により、以下のとおり定義づけられています。

◇ **業務における過重な負荷による脳血管疾患・心臓疾患を原因とする死亡**
◇ **業務における強い心理的負荷による精神障害を原因とする自殺による死亡**
◇ **死亡には至らないが、これらの脳血管疾患・心臓疾患、精神障害**

新国立競技場や大手広告代理店で従事した人が過労自殺した事件は記憶に新しいと思いますが、このような事案では事業者に対し安全配慮義務違反及び使用者責任が認められています。使用者の義務として、「業務の遂行に伴う疲労や心理的負荷等が過度に蓄積して労働者の心身の健康を損なうことがないよう注意する義務」が挙げられ、そして、労働者が恒常的に長時間労働していること、健康状態が悪化していることを認識していたのに「その負担を軽減させるための措置をとらなかった」ことが過失であると判断されています。長時間労働、健康悪化、

上司の認識という状況の下での具体的注意義務違反が「過失」の内容となり、「上司の認識」がなくても、それに気づくことができた客観的状況があり、それに気づけば負担軽減措置をとっていたはずと考えられる客観的状況があれば、それに気づかなかった点に過失があるといえます。

　債務不履行責任（安全配慮義務）にせよ、不法行為責任にせよ、損害賠償の範囲を限定する相当因果関係（民法第416条）の有無の判断が必要となります（本来、不法行為については民法第416条のような損害賠償の範囲を限定する規定はありませんが、このような事案に対しては類推適用されると考えます）。過重労働によるうつ病の罹患、うつ病の罹患による自殺という因果関係を承認しています。判決では、「うつ病に罹患した者は、健康な者と比較して自殺を図ることが多く、うつ病が悪化し、又は軽快する際や、目標達成により急激に負担が軽減された状態の下で、自殺に及びやすいとされる」「長期の慢性的疲労、睡眠不足、いわゆるストレス等によって、抑うつ状態が生じ、反応性うつ病に罹患することがあるのは、神経医学界において広く知られている」との一般論から、因果関係（事実的因果関係）を肯定しています。

　ケースバイケースで一概に決めつけることはできませんが、過重労働により過労死等が発生した場合には、事業者に対する損害賠償責任はこのように発生してきます。

II
民事責任

8．立証責任とは

　今まで「不法行為責任」「債務不履行責任」という単語が出てきましたが、争い（裁判等）になった際に、誰が事実を立証する責任があるのかが問題になってきます。詳しくは後述しますが端的に述べると、不法行為責任は「被害者（請求する側）」が、債務不履行については「債務者（請求される側）」に立証責任があります。

不法行為責任の場合

　「不法行為責任」については、「故意又は過失によって」という文言がポイントになります。「不法行為に基づく損害賠償請求権」が発生するための要件の一つとして「故意又は過失」を規定しています。「不法行為に基づく損害賠償請求権」が発生したと主張する被害者は、「不法行為に基づく損害賠償請求権」が発生するための要件である「故意又は過失」に当たる「事実」の立証責任を負うことになります。すなわち、いくら「証拠」を調べても、「不法行為に基づく損害賠償請求権」が発生するための要件である「故意又は過失」に当たる「事実」があったかなかったか判断がつかないときには、「不法行為に基づく損害賠償請求権」が発生するための要件である「故意又は過失」に当たる「事実」は「なかった」こととして「不法行為に基づく損害賠償請求権は発生しなかった」ということになり、被害者敗訴の判決が出されることになります。

　例外としては、例えば交通事故が発生したとき、それが故意によるものでなくても、運転ミスや交通違反など、運転者の過失により事故が起きたのであれば、運転者は損害賠償の義務を負うことになるのです。要するに、被害者が加害者に対して損害賠償や慰謝料請求をすることになります。そのため、交通事故における損害の発生の立証責任は原則として被害者にあるといえますが、事故による被害者の権利を救済するために、一般の不法行為と異なって、証明責任の一部が加害者側に転換（立証責任の転換）され加害者が「自己に故意・過失がないこと」「被害者又は第三者に故意・過失があったこと」「自動車に構造上の欠陥又は機能の障害がなかったこと」について、立証責任が発生してきます。これは、自動車損害賠償保障法第3条ただし書に謳われています。

自動車損害賠償保障法

第3条　自己のために自動車を運行の用に供する者は、その運行によつて他人の生命又は身体を害したときは、これによつて生じた損害を賠償する責に任ずる。ただし、自己及び運転者が自動車の運行に関し注意を怠らなかつたこと、被害者又は運転者以外の第三者に故意又は過失があつたこと並びに自動車に構造上の欠陥又は機能の障害がなかつたことを証明したときは、この限りでない。

債務不履行責任の場合

　「債務不履行責任」は契約などによって相手方に対して債務を負っている人が、その債務を履行せず損害を与えた場合に損害賠償の義務を負うというものです。「債務不履行に基づく損害賠償請求」が認められるためには、「債務者の責めに帰することができる事由」、すなわち「帰責事由」に基づくことが必要だということを意味しています。つまり、債務を履行しないことで、債務者が不利益をこうむった場合、その損害は債務者のせいだといえる場合が「債務不履行」だということになります。そして債務者の責任については、「契約その他の債務の発生原因及び取引上の社会通念」に照らして帰責性があるかがポイントとなります。

Ⅱ

民事責任

Ⅲ 行政責任

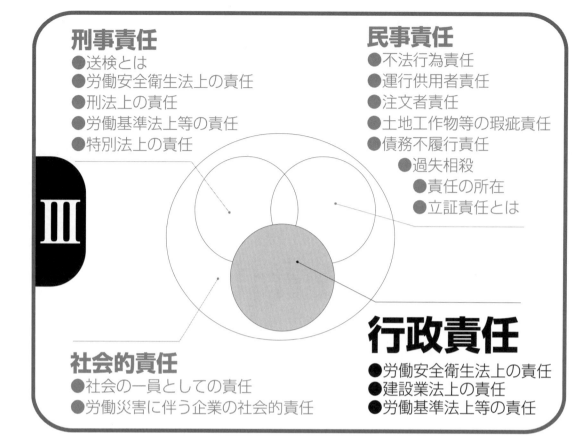

刑事責任
- 送検とは
- 労働安全衛生法上の責任
- 刑法上の責任
- 労働基準法上等の責任
- 特別法上の責任

民事責任
- 不法行為責任
- 運行供用者責任
- 注文者責任
- 土地工作物等の瑕疵責任
- 債務不履行責任
  - 過失相殺
  - 責任の所在
  - 立証責任とは

Ⅲ

社会的責任
- 社会の一員としての責任
- 労働災害に伴う企業の社会的責任

行政責任
- 労働安全衛生法上の責任
- 建設業法上の責任
- 労働基準法上等の責任

　労働災害が発生した場合の行政責任としては、労働安全衛生法、建設業法違反等が問われることがあります。行政処分としては、公共工事に係る指名停止や指名辞退、また、労働安全衛生法や刑法違反があった場合は建設業法に基づく営業停止や営業許可の取消しといったものがあります。また、刑事事件にならずとも、行政指導の場合には、作業停止処分、是正勧告、是正指導等を受けることになり、労働災害の発生状況によっては、さらに労働基準法、消防法等の違反も問われることになります。

1. 労働安全衛生法上の責任

労働安全衛生法は、「労働災害の防止のための危害防止基準の確立、責任体制の明確化及び自主的活動の促進の措置を講ずる等その防止に関する総合的・計画的な対策を推進することにより職場における労働者の安全と健康を確保するとともに、快適な職場環境の形成を促進すること」を目的として、昭和47年に労働基準法から分離して制定されました。そのなかには、事業者、注文者、元方事業者、特定元方事業者等の措置義務等が規定されていて、違反についての罰則も定めています。

(1) 労働安全衛生法違反による行政処分等

①行政指導

労働安全衛生法違反による行政指導には、次のようなものがあります。

- **指導票**：法令違反に関しての改善のための指導事項、又は法令違反に該当しない事案に係る改善すべき事項についての指導事項を記載し、労働基準監督官、産業安全専門官、労働衛生専門官等が交付する文書をいう（P 128（VII. 資料1）参照）。

- **是正勧告書**：労働基準監督官が事業場を臨検した際に、法令違反について文書をもって是正を指導する時に交付する文書をいう（P 129（VII. 資料2）参照）。重要事項の違反については、「所定期日までに是正しない場合は、送検手続きをとることがある」と警告付きの是正勧告書が交付される。

- **警告書**：事案が悪質な場合等重大な違反に対して、労働基準監督署長名により交付される文書を「警告書」という。

- **指定店社（建設業店社）指導**：建設業における労働災害は従前から死亡・休業災害とも他産業に比較してきわめて多い状況にある。建設工事現場における労働災害を防止するため元請け店社の段階において安全衛生管理体制の一層の向上を図る事を目的として、労働基準監督署単位で、建設業店社に対して行政指導する考え方がある。現場単位の監督手法から企業単位でとらえた（現場と店社が一体となった）安全衛生管理活動の促進が求められている背景によるものと考えられる。店社の安全衛生計画書を提出させた上で安全衛生活動を定期的に報告させる指導が行われる。また、死亡災害や障害等級1級～7級に相当する重大な労働災害の発生を繰り返す企業（店社）に対して厚生労働大臣が「特別安全衛生改善計画書」の作成を指示し、指示に従わない場合や、計画を守っていない場合等に厚生労働大臣が必要な措置を講じるよう勧告する。勧告に従わない場合はその旨を公表することができる。（安衛法第78条、第79条）

②行政処分等

都道府県労働局長又は労働基準監督署長は、機械、設備等で法令に違反する事項があるときは、その違反した事業者、注文者、機械等貸与者又は建物貸与者に対し、作業の全部又は一部の停止、建物等の全部又は一部の使用の停止又は変更その他の労働災害を防止するため、必要な事項を命ずることができるようになっています（第98条）。

また、これらの法令違反により労働者に急迫した危険があるときは、労働基準監督官は労働局長又は労働基準監督署長の権限を即時に行使することができます（第98条第3項）。なお、法令違反がない場合であっても、労働災害の発生が急迫し、緊急の必要があるときは、同様の命令を行うことができるようになっています（第99条）（P 130（VII. 資料3））。

2. 建設業法上の責任

［編注］この項（節）では、関係資料は分量の多いものが多いため、資料4〜8は節の末尾にまとめて収録しています。

（1）指示及び営業の停止、許可の取消し（第28条・第29条）

建設業法第28条では、建設業者等がその業務に際し、他の法律に違反し、建設業者として不適当と認められる場合には、必要な「指示」を行うと定めていて、また、この「指示」に従わないときには、営業の停止を命じることができるとされています。さらに、第29条では、違反について情状が特に重い場合は、建設業の許可の取り消し等の行政処分を行うことができることが定められています。

①指示（第28条第1項第1号）

建設業者が建設工事を適切に施工しなかったために公衆に危害を及ぼしたとき、又は危害を及ぼすおそれが大であるとき等、法違反又は不適正な事実の是正のための具体的にとるべき措置を命令するもので、拘束力を有する行政命令です。

②営業の停止（第28条第3項）

建設業者が第28条第1項各号のいずれかに該当するとき若しくは同項等の規定による指示に従わないときは、その者に対し、1年以内の期間を定めて、その営業の全部又は一部の停止を命ずることができます。

なお、「指示に従わないとき」とは、指示されたそのとるべき措置を行わない場合はもとより、指示処分後短期間内に再び同種の事案が発生した場合も含まれるものとされています。

※ P131「不正行為に対する監督処分の基準」（VII. 資料4）参照

③許可の取消し（第29条第1項第8号）

建設業者が第28条第1項各号のいずれかに該当し、情状が特に重い場合又は同条第3項及び第5項の規定による営業の停止の処分に違反した場合には、当該建設業者の許可を取り消さなければなりません。

④罰則（第47条第3号）

営業停止処分に違反して建設業を営んだものは3年以下の懲役又は300万円以下の罰金となります。

⑤両罰規定（第53条）

第45条の違反行為をしたときは、その行為者を罰するほか、その法人又は人に対しても本条による罰金刑の対象となります。

相互通報制度は、労働者を保護する観点から建設業法の関係規定の実効を期するため、厚生労働省から次に掲げる事案について国土交通省に通報がなされ、それぞれ処分がなされる。

①建設業者が労働基準法等に違反した場合における通報

労働基準法等に違反した建設業者、又は建設業法第24条の7の規定に定める下請指導義務を怠った特定建設業者に対し国土交通大臣又は都道府県知事は、同法第28条、第29条にもとづき必要な指示、営業停止又は許可の取消しを行うためのものである。

通報事案

建設業者又はその役員、使用人が労働基準法、労働安全衛生法、じん肺法及び最低賃金法の規定に違反したもの

a 労働基準監督機関から司法処分に付されたもの

b 上記と同程度に重大なもの

c 司法処分に付され、1年以上の懲役又は禁錮の刑が確定したもの

d 労基法第5条又は第6条違反の罪により、罰金以上の刑が確定したもの

特定建設業者の下請負人が、労基法第5条（強制労働の禁止）、第6条（中間搾取の排除）、第24条（賃金の支払）、第56条（最低年齢）、第63条（年少者の坑内労働の禁止）、第64条の2（坑内業務の就業制限）、第96条の2第2項（寄宿舎の設置等の計画差し止め等命令）、第96条の3第1項（寄宿舎の使用停止等命令）、安衛法第98条第1項（使用停止等命令）の規定に違反した場合であって、当該特定建設業者が建設業法第24条の7の規定にもとづく指導等を怠ったもの

②入札参加者の資格審査に資するための賃金不払い事業場の通報

入札制度合理化の一環として、国、地方公共団体、公団等の発注機関は、入札参加者の資格審査項目の中に「労働福祉の状況」を加え、その具体的な要素として「賃金不払いの状況」が取り上げられている。

原則として資格審査の際に、過去1年以内に賃金不払いを発生させた建設業者、不払いの状況、原因、事後措置の適否等を判定するほか、随時工事発注の際に配慮するためのものである。

通報事案

a 労基法第23条、第24条の違反の賃金不払を発生させ、是正勧告書の交付を受け、又は労働基準監督機関から司法処分に付されたもの

b 下請事業場が、前記①に該当する場合において、その賃金不払いについて元請業者として責任があると認められるもの。なお、元請業者として責任がある場合とは、次のいずれかに該当する場合をいう。

・下請代金の支払遅延その他賃金の不払いに関する経済的な原因が元請業者にあると認められ

る場合

・不当な重層下請、施工の放任その他下請施工管理が著しく不適当であったため、下請業者に賃金の不払いが生じたと認められる場合

・下請業者に、賃金の不払いの前歴がしばしばあるのを知りながら、工事を請け負わせ、賃金の不払いが生じたと認められる場合

③賃金立替払勧告の運用のための特定建設業者の通報

特定建設業者の下請負人が、その工事に従事した労働者に対する賃金の不払いを発生させた場合に、国土交通大臣又は都道府県知事は、特定建設業者に対し、建設業法第41条第2項の規定による立替払いの勧告を迅速かつ的確に行うためのものである。

通報事案

特定建設業者の下請負人が、その工事における労働者の使用に関して、労基法第23条、第24条の違反の賃金不払（退職金、賞与等は含まない）を発生させ、是正勧告書の交付を受け、次に掲げる場合であって、賃金支払保証制度、元請負人等による自主的な解決が図られていないもの。

  a 所定期日までに是正しないもの

  b その他早期是正の見込みがない等、立替払いの勧告を必要と認めるもの

④建設行政機関から労働基準監督機関に対してする通報

労働基準法違反事業場に対し、迅速かつ的確な監督指導を実施するものである。

通報事案

建設業法第24条の7第3項の規定に基づき、特定建設業者から国土交通大臣又は都道府県知事に対し通報された下請負人の労働基準法第5条、第6条、第24条、第56条、第63条、第64条の4、第96条の2第2項及び第96条の3第1項並びに労働安全衛生法第98条第1項違反にかかるもの。

※ P132「建設労働者の労働条件確保のための相互通報制度について」（Ⅶ．資料5）参照

（3）指導、助言、勧告（第41条）

大臣又は知事は、建設業を営む者等に対して、建設工事の適正な施工を確保し、又は建設業の健全な発達を図るために必要な指導、助言及び勧告を行うことができる（第41条第1項）とされています。

また、特定建設業者（元請）の下請負人がその労働者の賃金を遅滞した場合又は他人に損害を与えた場合等、大臣又は知事は、特定建設業者に対し、適正な措置をとるよう「勧告」することができる（同条第2項、第3項）とされています。「勧告」は強制ではありませんが、勧告に従わない場合において必要があると認めるときは「指示」処分に付されることになります

（第28条）。

⑷ 指導（第24条の7）

　元請業者の義務として、下請業者がこの法令又は建設工事に従事する労働者の使用に関する法令の規定に違反しないよう関係請負人を指導しなければなりません（労働者の使用に関する法令とは、労働基準法、労働者派遣法、職業安定法、労働安全衛生法の一定の条項をいう）。

⑸ 企業の社会的責任の経営事項審査への影響（第27条の23）

　公共性のある施設又は工作物に関する建設工事で、政令で定めるものを発注者から直接請け負おうとする建設業者は、その経営に関する客観的事項について、その許可を受けた国土交通大臣又は都道府県知事の審査を受けなければならないことになっています。

　経営事項審査の項目及び基準は、告示によって定められており、この審査項目の中で企業の社会的責任（労働福祉の状況・防災活動への貢献の状況・法令遵守の状況）が評価されることになっています。

※次頁の「経営事項審査項目等」参照

経営事項審査項目等

項目区分			審 査 項 目	最高点	最低点	ウェイト	審査機関
経営規模等	経営規模	X₁	・完成工事高（業種別）	2,309	397	0.25	許可行政庁
		X₂	・自己資本額 ・利払前税引前償却前利益の額	2,280	454	0.15	
	技 術 力	Z	・技術職員数（業種別） ・元請完成工事高（業種別）	2,441	456	0.25	
	その他の審査項目（社会性等）	W	・労働福祉の状況 ・建設業の営業継続の状況 ・防災活動への貢献の状況 ・法令遵守の状況 ・建設業の経理の状況 ・研究開発の状況 ・建設機械の保有状況 ・国際標準化機構が定めた規格による登録の状況 ・若年の技術者及び技能労働者の育成及び確保の状況	1,966	-1,995	0.15	
経営状況	経営状況	Y	・負債抵抗力 　準支払利息比率 　負債回転期間 ・収益性・効率性 　総資本売上総利益率 　売上高経常利益率 ・財務健全性 　自己資本対固定資産比率 　自己資本比率 ・絶対的力量 　営業キャッシュ・フロー 　利益余剰金	1,595	0	0.20	登録経状況分析機関

総合評定値（P）は、次の算式により算出します。

総合評定値（P）＝ 0.25（X₁）＋ 0.15（X₂）＋ 0.20（Y）＋ 0.25（Z）＋ 0.15（W）

総合評定値（P）の点数　　　最高点　　　最低点

　　　　　　　　　　　　　2,143　　　　-18

III

行政責任

⑹ 国土交通省の工事請負契約に係る指名停止処分等の措置

　この指名停止処分制度は、国土交通省が発注する工事に関し、「地方支分部局所掌の工事請負契約に係る指名停止等の措置要領」が定められ、有資格登録業者が汚職事件や不正行為等を起こした場合又は工事事故等を起した場合に、一定の期間と範囲を定め、その業者を「指名」の対象から排除する（指名停止）措置や当該指名停止に係る有資格業者を現に指名しているときは、指名を取り消す措置を行うものです。

　この処分を受けると、その期間中は当該地方支分部局所掌の指名競争入札工事への指名停止に限らず、一般競争入札等への参加資格も失うことになります。

　このような措置は、国土交通省に限らず農林水産省等、国の公共工事及び、地方自治体、地方公共団体等の公共工事についても国土交通省の基準に準じた処分が行われています。

※ P137「工事請負契約に係る指名停止等の措置要領」（昭和 59 年 3 月 29 日建設省厚第 91 号、最終改正平成 26 年 3 月 19 日国地契第 97 号）（Ⅶ. 資料６）参照

※ P145「工事請負契約に係る指名停止等の措置要領の運用基準について」（平成 3 年 5 月 18 日建設省厚発第 172 号、最終改正平成 26 年 3 月 19 日国地契第 99 号）（Ⅶ. 資料７）参照

※ P102「地方整備局が公表した指名停止措置事例」（Ⅵ. 事例）参照

コラム

監督処分基準の改正（令和2年9月30日）について

以下に主な改正事項3点について示します。

I. 著しく短い工期での請負契約への勧告

　著しく短い工期での請負契約の禁止規定（建設業法第19条の5）を受けて、注文者が建設業者であり通常必要と判断される期間より著しく短い工期で下請契約締結がなされた場合、その建設業者に対して国土交通省が勧告を実施することが明記されています。勧告ですから従わない場合は指示処分を受けることになります。このことについて考え方の大本になるのが、建設業における働き方改革のためには、適正な工期の確保が必要というポイントです。建設業就業者の年間の実労働時間は、全産業の平均と比べて相当程度長い状況となっており、建設業就業者の長時間労働の是正が急務となっています。また、長時間労働を前提とした短い工期での工事は、事故や労働災害の発生に対して大きなリスク要因となり得ます。一方で手抜き工事にもつながる品質リスクもあるため、建設工事の請負契約に際して、適正な工期設定を行う必要があり、通常必要と認められる期間と比して著しく短い期間を工期とする請負契約を締結することを禁止する考え方です。

【建設業法上違反となるおそれがある行為事例】

①元請負人が、発注者からの早期の引渡しの求めに応じるため、下請負人に対して、一方的に当該下請工事を施工するために通常よりもかなり短い期間を示し、当該期間を工期とする下請契約を締結した場合

②下請負人が、元請負人から提示された工事内容を適切に施工するため、通常必要と認められる期間を工期として提示したにもかかわらず、それよりもかなり短い期間を工期とする下請契約を締結した場合

③工事全体の一時中止、前工程の遅れ、元請負人が工事数量の追加を指示したなど、下請負人の責めに帰さない理由により、当初の下請契約において定めた工期を変更する際、当該変更後の下請工事を施工するために、通常よりもかなり短い期間を工期とする下請契約を締結した場合

　上記に適用される、建設業法第19条の5については、契約変更にも適用されます。禁止される行為は、当初契約の締結に際して、著しく短い工期を設定することに限られず、契約締結後、下請負人の責に帰さない理由により、当初の契約どおり工事が進

行できない場合や、工事内容に変更が生じるなどにより、工期を変更する契約を締結する場合、変更後の工事を施工するために著しく短い工期を設定することも該当するとされています。

Ⅱ. 継続性及び同一性がある行為者・承継者への監督処分

不正行為などをした建設業者（行為者）に譲渡や授受、合併、分割、相続があった場合には、その行為者の地位を承継した建設業者が監督処分となることが下記のように記載されました。

①行為者が当該建設業を廃業している場合には、承継者に対して監督処分を行う。

②行為者及び承継者が共に当該建設業を営んでいる場合には、両者に対して監督処分を行う。

Ⅲ. 建設資材を原因とする公衆災害に関する指示処分

建設業者が適切に施工を行わなかったことで発生した公衆災害の原因が、建設資材に起因すると認められた場合は、必要に応じて指示処分を行うことが示されました。具体的には次のとおりです。

公衆危害

建設業者が建設工事を適切に施工しなかったために、公衆に死亡者又は3人以上の負傷者を生じさせたことにより、その役職員が業務上過失致死傷罪等の刑に処せられた場合で、公衆に重大な危害を及ぼしたと認められる場合は、7日以上の営業停止処分を行うこととする。それ以外の場合であって、危害の程度が軽微であると認められるときにおいては、指示処分を行うこととする。

また、建設業者が建設工事を適切に施工しなかったために公衆に危害を及ぼすおそれが大であるときは、直ちに危害を防止する措置を行うよう勧告を行うこととし、必要に応じ、指示処分を行うこととする。指示処分に従わない場合は、機動的に営業停止処分を行うこととする。この場合において、営業停止の期間は、7日以上とする。なお、違反行為が建設資材に起因するものであると認められるときは、必要に応じ、指示処分を行うこととする。

3．労働基準法上等の責任

　労働災害の発生に伴って、あわせて追及される可能性のある行政責任としては、労働基準法上の責任、火災・爆発等による消防法上の責任があります。

　労働基準法に関係した『働き方改革関連法』が平成 30 年 6 月 29 日に成立、7 月 6 日に公布され、平成 31 年（2019 年）4 月 1 日から順次施行されています。時間外労働の上限規制や有給休暇年 5 日取得義務化関係の法改正では過重労働が労働災害の発生や、労働者の健康確保に有害な要因として捉えられています。企業（事業主）側の責任がより詳細に問われることとなります。

(1) 労働基準法上の責任

　労働基準法は使用者に対し労働者の災害補償責任(労働者が業務上負傷し、又は疾病にかかった場合、使用者の故意、過失にかかわらず使用者が補償を行わなければならない)、労働時間（1 週 40 時間、1 日 8 時間とする)、危険有害業務の就業制限（年少者、女性について）等を規定しています。

①災害補償責任

　労働基準法第 8 章による使用者の労働者に対する災害補償責任には、療養補償（第 75 条）、休業補償（第 76 条）、障害補償（第 77 条）、遺族補償（第 79 条）、葬祭料（第 80 条）、及び打切補償（第 81 条）があります。しかし、労働者災害補償保険法に基づいてこの法律の災害補償に相当する給付が行われた場合、使用者はその責任を免除されます（労働基準法第 84 条）。ただし、休業 3 日目までの休業補償は、この法律に基づき、事業者が補償する責任があります（労働者災害補償保険法第 14 条第 1 項)。

②時間外・休日労働

　労働時間を延長し（時間外労働）、又は休日に労働させる（休日労働）場合、使用者と労働者の過半数で組織する労働組合との書面による協定の締結と、行政官庁への届出が必要となります（第 36 条)。

③危険有害業務の就業制限

　危険有害業務の就業制限（第 62 条）等に抵触した場合、労働基準法の責任を負います。詳細については「I. 刑事責任」の項を参照してください。

⑵ 消防法上の責任

　事業場等、政令で定められた防火対象物の関係者（事業者等）は、消防用水及び消火活動上必要な施設を設置し維持しなければならない（消防法第17条第1項）と定められていて、消防署長は消防用設備等が設置又は維持されていないとき、防火対象物の関係者（事業者等）に対して必要な措置を命ずることができる（第17条の4第1項）となっています。
　また、上記の命令に違反した場合には以下のように罰則が定められています。

①消防用設備等の未設置

・第17条の4の命令に違反して消防用設備等を設置しなかった者は、1年以下の懲役又は100万円以下の罰金に処する（第41条第5号）。

②消防用設備等の維持を怠った場合

・第17条の4の命令に違反して消防用設備等の維持のための措置をしなかった者は、30万円以下の罰金又は拘留に処する（第44条第12号）。

③両罰規定（第45条）

・第41条の違反をした場合、行為者を罰するほか、その法人に対し3000万円以下の罰金刑に処する。

　なお、火災・爆発事故等に伴う刑法上の責任（罰則等）については「Ⅰ. 刑事責任」の項で詳しく述べています。

Ⅳ 社会的責任

Ⅳ
社会的責任

刑事責任
- 送検とは
- 労働安全衛生法上の責任
- 刑法上の責任
- 労働基準法上等の責任
- 特別法上の責任

民事責任
- 不法行為責任
- 運行供用者責任
- 注文者責任
- 土地工作物等の瑕疵責任
- 債務不履行責任
  - 過失相殺
  - 責任の所在
  - 立証責任とは

社会的責任
- 社会の一員としての責任
- 労働災害に伴う企業の社会的責任

行政責任
- 労働安全衛生法上の責任
- 建設業法上の責任
- 労働基準法上等の責任

1. 社会の一員としての責任

　近年、企業の社会的責任（CSR）の面から労働災害を発生させた企業に対する世論の批判や責任追及は厳しくなってきています。

　建設業において労働災害、とりわけ重大災害が発生すると、直ちに新聞、テレビ等のマスコミが大勢押し掛けてきて事故・災害の状況を報じますが、報道等を通じて社会的な厳しい批判を受け、人命や人の安全を軽視する企業として負のイメージを社会に植え付けられ、信頼を失うことにつながります。また、災害時における経営トップの社会に対する説明責任や対応が重視されています。労働災害を発生させ、さらにその後の対応が悪いと、責任を十分に果たしていないということで、今まで築き上げてきた信頼・信用を失い、社会から排除されます。

　このように企業にとって労働災害を発生させることは、単に企業内の問題のみならず、社会的問題であり、労働災害防止は企業の社会的責任でもあることを経営トップは自覚しなければなりません。

　労働災害等についての社会的責任が重要となっている今、企業は、社会環境、世論、住民感情等を無視することはできず、社会的な合意なしには、その企業経営は成り立たないといっても過言ではありません。また、万一、事故や災害が発生した場合の対応としては、事実関係の隠ぺいや他への責任転嫁ともとられかねないような言動は厳に慎まなければならず、正確な情報を迅速に開示するとともに、より真摯な対応が求められているのです。

　（一社）経団連が平成 29 年 11 月に Society 5.0 の実現を通じた SDGs の達成を柱として改定した「企業行動憲章―持続可能な社会の実現のために―」では、「企業は、公正かつ自由な競争の下、社会に有用な付加価値および雇用の創出と自律的で責任ある行動を通じて持続可能な社会の実現を牽引する役割を担う」としています。つまり、企業も社会のルールを守りつつ、経済社会の論理のなかで事業を展開していきますが、人権の尊重、関係法令、国際ルールとその精神を守るとともに、社会的良識をもって、持続可能な社会の創造へ向けて、自主的な行動を求めているわけです。ごく当然のことのようですが、このことが今まで経済性を優先するあまり、後回しにされてきました。しかし今では、企業の社会的責任（CSR：Corporate Social Responsibility）としてその重要性が改めて問われてきています。

　また、同じくこの「企業行動憲章」の原則のなかで、「従業員の能力を高め、多様性、人格、個性を尊重する働き方を実現する。また、健康と安全に配慮した働きやすい職場環境を整備する」としており、一人ひとり、かけがえのない人命・人権を尊重して従業員の安全と健康を確保することは、企業経営の最優先事項の一つとして、企業に対して労働災害の防止と健康の保持増進への積極的な支援を求める内容になっています。

　今の時代、企業は社会とのつながりを重視した経営の透明化・コンプライアンスといった企業倫理の確立・徹底が何よりも重要なことになってきています。

Ⅳ 社会的責任

用語の解説

○ 「CSR」について

　CSRとは、企業活動において、労働環境問題やコンプライアンスの遵守、現場における安全衛生管理と品質管理の徹底、地域社会との共存・貢献等といった企業が果たすべき社会的責任を重要な要素と捉え、従業員、投資家、地域社会などの利害関係者に対して責任ある行動をとるとともに、説明責任を果たしていくことを求める考え方です。

○ 「Society 5.0」について

　Society 5.0とは、ICT（Information and Communication Technology：情報通信技術）を最大限に活用し、サイバー空間（仮想空間）とフィジカル空間（現実世界）を高度に融合させたシステムにより、経済発展と社会的課題の解決を両立させた人間中心の世界として内閣府の「第5期科学技術基本計画」において我が国が目指すべき未来社会の姿として提唱されたものです。

　なお、「5.0」という数値は、狩猟社会（Society 1.0）、農耕社会（Society 2.0）、工業社会（Society 3.0）、情報社会（Society 4.0）に続く新たな社会を指します。

　近年の情報ネットワークの発達やIoT（Internet of Things）、AI（人工知能）、ビックデータ、ロボット等の発展等により、新たな技術革新（第4次技術革命）が生まれています。IoTで全ての人とモノがつながり、ネットワークを通じてデータが集積されてビックデータとなり、それが解析・利用されることで新たな価値が生み出されます。またビックデータが利用可能となることでAIによる機械学習技術が一層発展し、これらの解析結果がフィードバックされることでロボットや自動走行車等の自動化の技術が拡大していきます。これらが進展することで少子高齢化、地方の過疎化、貧富の格差などの課題が克服される社会が「Society 5.0」で実現される社会です。

○「SDGs」について

「SDGs（エスディージーズ）」とは、Sustainable Development Goals（持続可能な開発目標）の略称です。2015 年 9 月の国連サミットにて採択されたもので 2030 年までに世界が達成すべきゴールを表し、17 の目標と 169 のターゲットで構成されます。

1 貧困をなくそう	2 飢餓をゼロに	3 すべての人に健康と福祉を	4 質の高い教育をみんなに
5 ジェンダー平等を実現しよう	6 安全な水とトイレを世界中に	7 エネルギーをみんなにそしてクリーンに	8 働きがいも経済成長も
9 産業と技術革新の基盤をつくろう	10 人や国の不平等をなくそう	11 住み続けられるまちづくりを	12 つくる責任つかう責任
13 気候変動に具体的な対策を	14 海の豊かさを守ろう	15 陸の豊かさも守ろう	16 平和と公正をすべての人に
17 パートナーシップで目標を達成しよう			

Ⅳ 社会的責任

2. 労働災害に伴う企業の社会的責任

　建設業は、いわゆる公共の施設や個人の住宅等を建設する工事を行うわけですから、良質で安全・安心な建設物を顧客に提供し、豊かな社会基盤・環境を創造するという使命を負った、国民生活に欠くことのできない産業といえます。

　このように人の生活に密接に関係する、建設業という産業において労働災害を発生させることは、手抜き工事や贈収賄事件といった企業倫理の欠如に起因する不祥事と同様か、あるいはそれ以上に、社会的に厳しい批判を受け、人命や人の安全を軽視する企業として社会から見られ、信頼を失うことになりかねません。また、公共工事ともなれば、その財源は国民の税金ですから、工事に対する社会の関心も高く、企業の受ける批判は一層厳しいものとなります。まして、重篤な労働災害を発生させた場合には、発注者はもとより、社会からも厳しい批判を受けます。企業として信頼・信用を失うことは、その後の事業活動の継続に大きな影響を及ぼすことになります。

●重篤な事故・災害が発生した場合の企業に与える主な責任と影響
- 被災者本人に身体的、精神的苦痛を与えたことへの責任
- 被災家族又は遺族に経済的、精神的苦痛を与えたことへの責任
- マスコミ等の報道による企業イメージの悪化
- 営業活動への影響
- 工事施工への影響
- 労働者採用への影響　など

　工事施工における安全確保は、労働者の生命・身体、健康を守るという人間尊重の基本理念に基づいています。働く一人ひとりがそれぞれかけがえのない存在で、誰一人としてケガをしていい人などいませんし、ましてや生命を失うことなど、決してあってはならないことです。目先の利益に翻弄されることなく、企業存立の要件を再認識して、安全衛生管理に臨む企業の姿勢がますます重要になってきています。

　また、万一、事故や災害が発生した場合においては、迅速かつ適切な対応によりリスクを極力小さくすることが必要不可欠となります。そのためには、日頃から危機管理体制を整備しておくことが大切です。

　事故や災害が起きた際の対応としては、事実関係の隠ぺいや他への責任転嫁ともとられかねないような言動は厳に慎まなければなりませんし、正確な情報を迅速に開示するとともに、より真摯な対応が求められています。

　また、同じく被災者及び家族に対しても十分に誠意を示し、場合によっては示談等によって円満な解決を図ることが、社会的にも求められています。

　次の「V. 労働災害が発生してしまった時の対応」では、実際に労働災害が発生してしまっ

たときの適切な対応とはどのようなものかをまとめています。

　各企業でも、このような危機管理体制・手順については、すでに構築されていると思われますが、内容が形骸化していたり、有事の際に有効に機能しない場合も少なくありません。企業の社会的責任が広く問われてきているなか、こうした危機管理体制も定期的に見直しを行って整備し、万一の事故・災害の発生に備えておくことが、企業防衛のうえでも、また、あわせて社会的責任を果たすうえでも、大切なことといえます。

　「備えあれば、憂いなし」です。

Ⅳ
社会的責任

Ⅴ 労働災害が発生してしまったときの対応

1．初期対応

　労働災害が発生したときは、人命救助を最優先とした行動が求められますが、まずは現場事務所（もしくは職長などの責任者）への第一報の連絡と、救出者自らが二次災害に遭わないように安全確認や必要な対策を講じてから、被災者の救出に向かうようにすることが大事です。

　あわせて、関係する設備や機械の運転中止、立入禁止などといった二次災害防止措置、労働基準監督署や警察などへの災害報告、現場保存、被災者家族への連絡などを行います。

　日頃より緊急時連絡体制表（図）を整備し、関係者全員に周知させておくことが大切です。

(1) 現場事務所（もしくは職長などの責任者）への第一報の連絡

　災害発見者は、まずは現場事務所（もしくは職長などの責任者）へ第一報の連絡を行い、必要に応じて応援を要請します。

(2) 救出者自らが二次災害に遭わないように安全確認や必要な対策を講じる

　被災者の救出に向かう前に、必ず救出者自らが二次災害に遭う可能性（酸欠、一酸化炭素中毒、土砂崩壊、感電、火災、有機溶剤中毒災害など）がないか安全確認を行い、必要な対策（例えば酸欠災害においては空気呼吸器などの保護具の装着など）を講じてから救出に向かう。

(3) 被災者の救出・救護

①被災者の意識の有無や負傷状況を確認し、現場事務所等へ状況連絡します。

②被災者自らの移動や救出者による救出が可能か判断し、難しいと判断した場合は、119番通報により救急車やレスキュー隊の出動を要請します。

③救急車やレスキュー隊が到着するまでの間、救出協力者を集め、でき得る範囲内で応急処置を行います。

　　〈応急処置の例〉
　　　・出血がある場合、止血処置
　　　・通常呼吸をしていない場合、胸骨圧迫や AED 処置
　　　・熱中症の疑いがある場合、OS-1 を飲ませる
　　　など

④被災者を病院へ搬送する際は救急車に同乗するなど、最低一人は病院へ同行し、随時治療状況等を現場事務所等へ連絡します。付き添いは被災者家族が病院に到着するまで行います。

(4) その他の工事関係者や第三者の二次災害防止措置

①災害に関係する設備や機械等の運転を中止する。

②災害現場への立入禁止措置や明示等を行う。

③責任者と打合せし、必要に応じ全体作業の中止や避難命令を行う。

（5）所轄の警察署や労働基準監督署、発注者等への報告と現場保存

①労災かくしの疑念を持たれないため、迅速・的確な報告を行う。

②警察署や労働基準監督署等が現場検証を行う際は、全面的に協力する。

③現場保存は、災害発生から現場検証後の許可が得られるまで継続する。

（6）被災者家族への連絡・対応

①現場事務所備付書類にある、作業員名簿や新規入場時教育記録表等で被災者の身元や被災者家族の連絡先を確認する。

②被災者家族へ連絡し、災害発生状況や被災程度、搬送先病院名を伝える。

③被災者家族を病院で出迎え、詳細な災害発生状況等を説明する。

④病院からの治療状況説明は家族にしか行わないので、被災家族に対し病院から治療状況説明があった場合は、その内容を教えてもらうようお願いしておく。

（7）その他

①写真撮影：今後の災害発生状況説明や災害再発防止対策会議のため、災害現場の状況を写真撮影しておく

②マスコミ対応：責任者は会社の広報部門と連携しマスコミ対応を行う

※日頃から備えておくこと

　　①緊急連絡網の確立（発見者から社内責任者への通報）

　　②基本的な応急処置方法の理解　消火器や AED など

　　③避難訓練の実施

（8）発生原因の究明と再発防止対策の樹立

　初期対応が落ち着いた後、発生した災害の再発を防止するため、災害調査を行い、発生原因の究明と再発防止対策を樹立します。

　具体的には「人」「設備」「作業」「管理」に区分し、それらが災害発生時どのような状態だったかを調査し、その区分ごとに発生原因の究明と再発防止対策を樹立していきます。樹立したら工事関係者へ対策の周知を図り、今後現場で発生することが予測される労働災害の防止に活かしていきます。

災害発生時の「現場対応」処理一覧

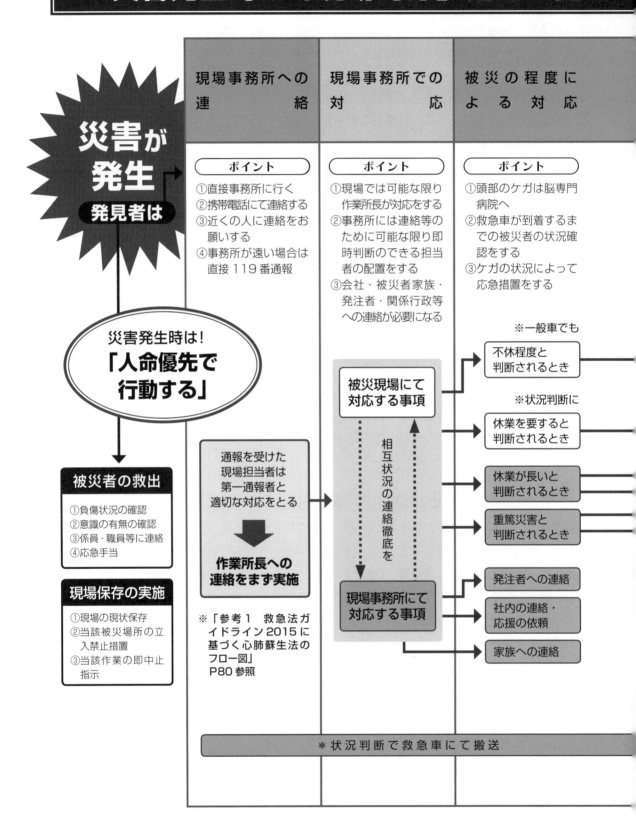

災害が発生

発見者は

災害発生時は！

「人命優先で
行動する」

被災者の救出

①負傷状況の確認
②意識の有無の確認
③係員・職員等に連絡
④応急手当

現場保存の実施

①現場の現状保存
②当該被災場所の立
入禁止措置
③当該作業の即中止
指示

現場事務所への連絡	現場事務所での対応	被災の程度による対応
ポイント	ポイント	ポイント
①直接事務所に行く ②携帯電話にて連絡する ③近くの人に連絡をお願いする ④事務所が遠い場合は直接 119 番通報	①現場では可能な限り作業所長が対応をする ②事務所には連絡等のために可能な限り即時判断のできる担当者の配置をする ③会社・被災者家族・発注者・関係行政等への連絡が必要になる	①頭部のケガは脳専門病院へ ②救急車が到着するまでの被災者の状況確認をする ③ケガの状況によって応急措置をする

通報を受けた
現場担当者は
第一通報者と
適切な対応をとる

作業所長への
連絡をまず実施

※「参考1 救急法ガイドライン2015に基づく心肺蘇生法のフロー図」
P80 参照

被災現場にて
対応する事項

相互状況の連絡徹底を

現場事務所にて
対応する事項

※一般車でも

不休程度と
判断されるとき

※状況判断に

休業を要すると
判断されるとき

休業が長いと
判断されるとき

重篤災害と
判断されるとき

発注者への連絡

社内の連絡・
応援の依頼

家族への連絡

＊ 状況判断で救急車にて搬送

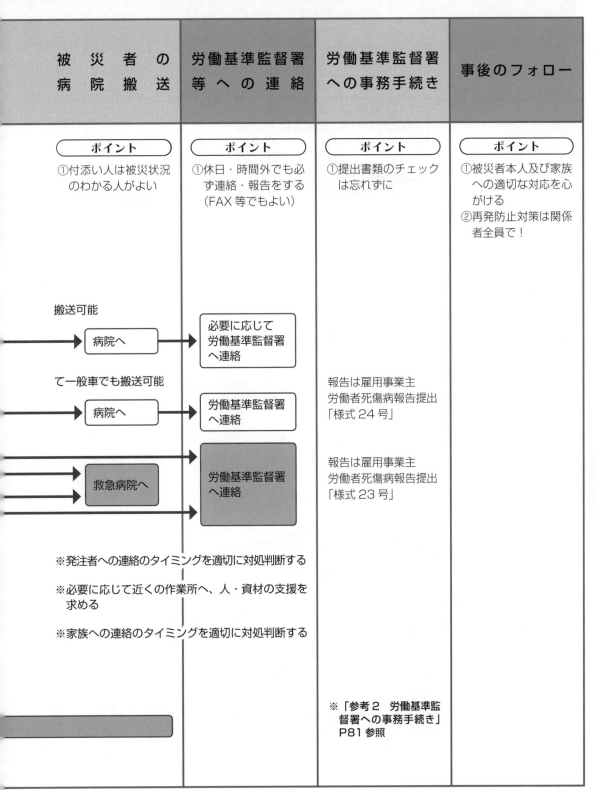

被災者の 病院搬送	労働基準監督署 等への連絡	労働基準監督署 への事務手続き	事後のフォロー
ポイント ①付添い人は被災状況のわかる人がよい	ポイント ①休日・時間外でも必ず連絡・報告をする（FAX等でもよい）	ポイント ①提出書類のチェックは忘れずに	ポイント ①被災者本人及び家族への適切な対応を心がける ②再発防止対策は関係者全員で！

搬送可能

→ 病院へ → 必要に応じて
労働基準監督署
へ連絡

て一般車でも搬送可能

→ 病院へ → 労働基準監督署
へ連絡

報告は雇用事業主
労働者死傷病報告提出
「様式 24 号」

→ 救急病院へ → 労働基準監督署
へ連絡

報告は雇用事業主
労働者死傷病報告提出
「様式 23 号」

※発注者への連絡のタイミングを適切に対処判断する

※必要に応じて近くの作業所へ、人・資材の支援を求める

※家族への連絡のタイミングを適切に対処判断する

※「参考2　労働基準監督署への事務手続き」P81 参照

「もしもあなたの現場で災害が起きたら！」労働調査会

参考1　救急法ガイドライン2015に基づく心肺蘇生法のフロー図

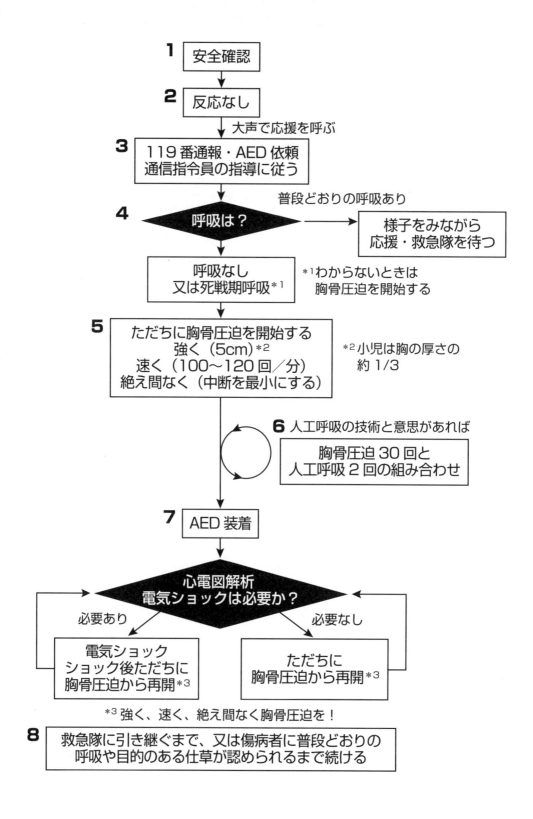

1 安全確認

2 反応なし

大声で応援を呼ぶ

3 119番通報・AED依頼
通信指令員の指導に従う

普段どおりの呼吸あり

4 呼吸は？ → 様子をみながら
応援・救急隊を待つ

呼吸なし
又は死戦期呼吸*¹

*¹わからないときは
胸骨圧迫を開始する

5 ただちに胸骨圧迫を開始する
強く（5cm）*²
速く（100～120回／分）
絶え間なく（中断を最小にする）

*²小児は胸の厚さの
約1/3

6 人工呼吸の技術と意思があれば

胸骨圧迫30回と
人工呼吸2回の組み合わせ

7 AED装着

心電図解析
電気ショックは必要か？

必要あり　　　　　　　　　　　必要なし

電気ショック
ショック後ただちに
胸骨圧迫から再開*³

ただちに
胸骨圧迫から再開*³

*³強く、速く、絶え間なく胸骨圧迫を！

8 救急隊に引き継ぐまで、又は傷病者に普段どおりの
呼吸や目的のある仕草が認められるまで続ける

参考２　労働基準監督署への事務手続き

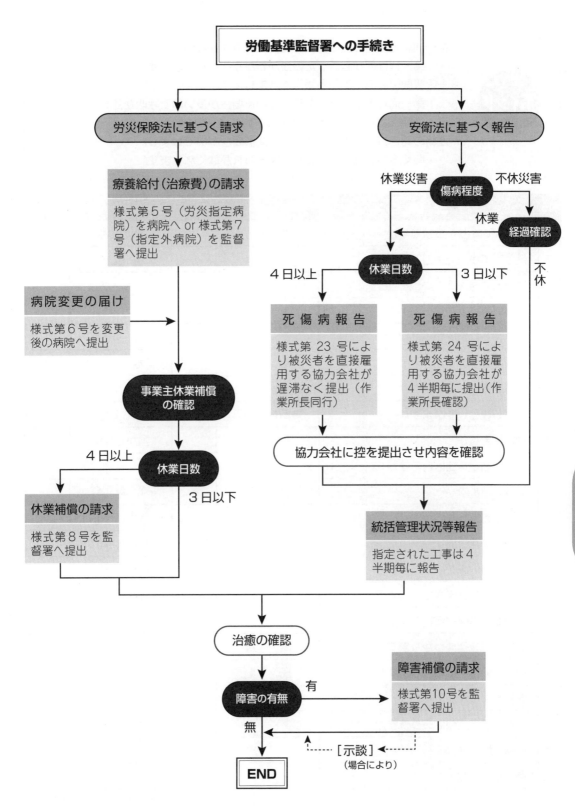

第一通報者からの連絡確認チェック表

* 第一通報者に対しては**詳細の報告を求めすぎない**。
  …第一報は何が起こったのかがわかることが大事です。
* 一呼吸間隔をおいてから報告させましょう。
  …第一通報者は急ぎ、あわてている場合が多いので呼吸が乱れています。
  深呼吸させるのも手段の一つです。
* 連絡の聞き方は、下記のような**質問形式**がよいでしょう。
  …聞く方も連絡者に対しての聞き漏がなくなります。

No	確 認 項 目	チ ェ ッ ク			
1	ケガ人ですか・事故ですか	ケ ガ 人		事　　故	
2	墜落ですか・機械他ですか	墜　落		機 械 他	
3	ケガ人は何人ですか	1　人		人	
4	意識はありますか	あ　り		な　し	
5	出血はありますか	あ　り		な　し	
6	呼吸はありますか	あ　り		な　し	
7	頭部を負傷していますか	負傷している		負傷してない	
8	腹部を負傷していますか	負傷している		負傷してない	
9	動かせますか	動かせる		動かせない	
10	すぐに必要な物は何ですか？				
11	職長はいますか	い　る		い な い	
12	災害が発生した場所はどこですか	地　上		高さ　　　m 深さ　　　m	
13	救急車を呼びますか	呼　ぶ		わからない	
14	レスキュー隊を呼びますか	呼　ぶ		わからない	
15	消防車を呼びますか	呼　ぶ		呼ばない	
16	ケガは何分前ぐらいですか				
17	被災者の職種はわかりますか	職　種			
18	被災者の指名はわかりますか	氏　名			
19	会社名はわかりますか	会 社 名			
20	二次災害の危険はありますか	あ　り		な　し	
21	あなたの名前は				
22	あなたの会社名は				

「もしもあなたの現場で災害が起きたら！」労働調査会

作業所の初期対応チェック表

ポイント

＊**冷静沈着**に被災者の状況を判断しましょう。
＊**優先事項**から即判断をしましょう。
　…（人命救助が第一、迷わず臨機応変の措置を）
＊現場の混乱を防ぐため、**応急の役割分担を決めてから**、全体の指揮をとりましょう。
＊**小規模現場**では、できることから実施し、必要に応じて支店又は他現場の支援を求めましょう。

No		確 認 項 目	確認	連絡先（電話番号）	備　　考
1	確認事項と連絡	ケガの程度の確認			作業所長がまず現場確認する。（携帯電話、救急箱、担架の持ち出し、メモ帳）
2		救急車の手配（警察と連動）			
3		レスキュー隊の手配			被災状況による
4		付添い者（連絡員）の手配（救急車の場合）			被災状況をよく知る者
5		店社への連絡			
6		協力会社への連絡			職長が対応する
7		労働基準監督署への連絡			時間外は FAX で連絡する
8		病院名の連絡			救急車で搬送の場合は付添い者（連絡員）からの連絡待ち
9		発注者への連絡			場合によっては１番先に
10		被災者の身元確認			新規入場時受入個人カード等
11		①　会　社　名			
12		②　氏　　　名			
13		③　生年月日			
14		家族への連絡			協力会社が連絡する
15		報道機関との対応は			店社の責任者へ連絡する
16		店社に応援要請の必要性の有無			事務担当者・技術担当者の支援
17		電力会社への手配			
18		ガス会社への手配			
19		水道局の手配			
20		下水道局の手配			
21		NTT の手配			
22	被災現場での対応	当該作業の即中止指示			
23		被災場所の立入禁止措置			
24		現状保存はよいか			
25		目撃者・現認者の確認			
26		二次災害の恐れはないか			機械・資材・作業員の手配
27		他現場からの支援の必要性			

「もしもあなたの現場で災害が起きたら！」労働調査会

V　労働災害が発生してしまったときの対応

災害発生の時間経過記録表

ポイント

＊災害の内容により経過項目に沿って時間を記入しましょう。

＊労働基準監督署・警察署・消防署等の事情聴取、災害報告作成時に必要になります。

また、社内・発注者等の災害報告作成時にも必要になります。

＊必要ない項目は横線を引いて削除する。

令和　　年　　月　　日

記録者名

No	経　過　項　目	経　過　時　間				備　　考
1	朝礼参加時間		時		分頃	
2	作業開始時間		時		分頃	
3	災害発生		時		分頃	
4	現場事務所に連絡が入る		時		分頃	
5	職長が現場に到着して確認		時		分頃	
6	作業所長・担当者が現場に到着して確認		時		分頃	
7	救急車の手配		時		分頃	
8	救急車の到着		時		分頃	
9	救急車の出発		時		分頃	
10	病院に到着		時		分頃	
11	被災者の手当て開始		時		分頃	
12	元請け会社に連絡		時		分頃	
13	発注者への連絡		時		分頃	
14	関係行政への連絡（電力・ガス・上下水道・NTT等）		時		分頃	
15	労働基準監督署に連絡		時		分頃	
16	警察署に連絡		時		分頃	
17	家族に連絡		時		分頃	
18	元請会社の応援社員の到着		時		分頃	
19	協力会社の応援社員の到着		時		分頃	
20	労働基準監督署の到着		時		分頃	
21	家族の到着		時		分頃	
22	被災者の様子の確認		時		分頃	
23	二次災害防止の資材の手配		時		分頃	
24	二次災害防止の資材の到着		時		分頃	
25	二次災害防止の作業開始		時		分頃	
26	二次災害防止の作業完了		時		分頃	
27	報道関係者の到着		時		分頃	

「もしもあなたの現場で災害が起きたら！」労働調査会

緊急連絡先一覧表

 ポイント

＊誰が見てもわかりやすく、事前に記入しておきましょう。
＊変更があった場合は、修正を忘れないようにしましょう。
＊既成の同様の一覧があれば添付してもよい。

元 請 関 係		
連　絡　先	電話番号	FAX 番号
〇〇病院（一般外科）		
〇〇病院（脳外科）		
支店連絡先（安全担当）		
：　　　　（営業担当）		
：		
：		
：		
：		
本社連絡先		
：		
：		
近隣作業所		
：		
：		
：		
労働基準監督署		
発注者		
警察署		
交番		
消防署		
設計事務所		
電力会社		
ガス会社		
水道局		
下水道局		
NTT		
河川国道事務所		
土木事務所		
市町村事務所		

協 力 会 社 関 係		
連　絡　先	電話番号	FAX 番号

V 労働災害が発生してしまったときの対応

「もしもあなたの現場で災害が起きたら！」労働調査会

常時現場事務所で準備しなければならない書類一覧

 ポイント ＊安全書類は、労働基準監督署・警察署等の調査が入ると必要になります。

No	書類名	チェック	備考
1	送り出し教育実施記録		実施している会社
2	新規入場時受入れ個人カード等		被災者の氏名年齢家族連絡先が記入されているもの
3	作業員名簿		
4	免許資格証・特別教育修了証写し		
5	施工体制台帳（再下請負通知書）		
6	施工体系図（下請業者編成表）		
7	取引会社安全管理組織図		
8	作業計画書		
9	当日の作業手順書		協力会社が作成・又は元請と一体で作成されたもの
	（元請会社作成・指導による作業手順書等でも可）		会社により作業手順があり、現場の実情に合うように加筆修正して使用している場合もある
10	KY活動記録		
11	持込機械使用届		
12	機械点検表 （タワークレーン・エレベーター・重機等）		
13	職場安全管理組織図・体制図		
14	設計図書（配置図・立面図・断面図）		
15	施工計画書又は施工要領書		
16	作業・安全指示書		
17	安全日誌		
18	安全衛生協議会記録		
19	協力会社との契約書類		外注契約書・契約金額のわかるもの
20	建設工事計画届・機械等設置届		第88条関係の届出が必要な該当作業所
21	特定元方事業開始届		
22	適用事業報告		
23	労災保険関係成立届		
24	共同企業体代表者届		JV工事の場合
25	雇入れ通知書、雇用契約書		

「もしもあなたの現場で災害が起きたら！」労働調査会

2．その後の対応

(1) 労働者死傷病報告書（安衛則第97条）及び事故報告（同則第96条）

　労働安全衛生法第100条では「厚生労働大臣、都道府県労働局長又は労働基準監督署長は、厚生労働省令で定めるところにより、事業者、労働者……に対し必要な事項を報告させ、又は出頭を命ずることができる。」とあります。

労働者死傷病報告書（安衛則第97条関係）

　その報告の一つが労働災害です。安衛則第97条では「事業者が労働災害その他就業中又は事業所内もしくはその付属建設物内における負傷、窒息又は急性中毒により死亡し、又は休業したときは遅滞なく様式23号（労働者死傷病報告書）による報告書を所轄労働基準監督署長に提出しなければならない」また、「休業の日数が4日に満たないときは1月から3月まで、4月から6月まで、7月から9月まで及び10月から12月までの期間における当該事実について、様式第24号（労働者死傷病報告書）による報告書をそれぞれの期間における最後の月の翌月末日までに、所轄労働基準監督署長に提出しなければならない」とあります。**労働災害発生を隠ぺいするため報告しないこと、また虚偽の内容の報告をすることは『労災かくし』とみなされ、これを行った事業場に対しては司法処分として厳正に対処されることとなっており、これによる検察庁への送検件数は増加傾向にあります。**

　※労働者死傷病報告書の提出時期
　　　　死亡又は休業4日以上の場合……………様式23号により発生後遅滞なく
　　　　休業1日～3日の場合………………………様式24号により4半期ごとに翌月末まで
　　　　休業を伴わない場合…………………………労働者死傷病報告書の提出は不要

事故報告（安衛則第96条関係）

　また、現場での火災やクレーンの転倒など一定の事故についても同様に報告義務があります。労働安全衛生規則第96条に定義されている以下の場合には所轄労働基準監督署長に対し様式22号（事故報告書）により遅滞なく報告しなくてはなりません。

1 事業場又はその付属建築物内で次の事故が発生したとき
① 火災又は爆発
② 遠心機械、研削といしとの他の高速回転体の破壊
③ 機械集材装置、巻上げ機、索道の鎖又は索の切断
④ 建設物、付属建設物、機械集材装置、煙突、高架そう等の倒壊
2 ボイラー（小型ボイラーを除く）の破裂、煙道ガスの爆発又はこれらに準ずる事故が発生したとき
3 小型ボイラー、第一種圧力容器及び第二種圧力容器の破裂の事故が発生したとき

V 労働災害が発生してしまったときの対応

4 クレーン（つり上げ荷重が0.5t未満のものを除く）の次の事故が発生したとき 　① 逸走、倒壊、落下又はジブの折損 　② ワイヤーロープ又はつりチェーンの切断
5 移動式クレーン（つり上げ荷重が0.5t未満のものを除く）の次の事故が発生したとき 　① 転倒、倒壊又はジブの折損 　② ワイヤーロープ又はつりチェーンの切断
6 デリック（つり上げ荷重が0.5t未満のものを除く）の次の事故が発生したとき 　① 倒壊又はブームの折損 　② ワイヤーロープの切断
7 エレベーター（積載荷重が0.25t未満のものを除く）の次の事故が発生したとき 　① 昇降路等の倒壊又は搬器の墜落 　② ワイヤーロープの切断
8 建設用リフト（積載荷重が0.25t未満のものを除く）の次の事故が発生したとき 　① 昇降路等の倒壊又は搬器の墜落 　② ワイヤーロープの切断
9 簡易リフト（積載荷重が0.25t未満のものを除く）の次の事故が発生したとき 　① 搬器の墜落 　② ワイヤーロープ又はつりチェーンの切断
10 ゴンドラの次の事故が発生したとき 　① 逸走、転倒、落下又はアームの折損 　② ワイヤーロープの切断

(2) 被災者等への損害の賠償

　労働災害によって労働者が死亡又はケガの治療に伴って休業せざるを得ない等の場合、その遺族や被災者には治療費や休業に伴う減収等の損害が発生しますが、加害者や労働者を使用し利益を生み出す事業主は民法や労働基準法（第75条〜第88条）により、その責任の範囲において損害賠償の義務を負うことになります。

　損害額については下記の計算により算出されます。

①死亡の場合

　損害額＝療養費等＋逸失利益＋慰謝料＋葬祭費用

②受傷後治療し治癒後に後遺症が残った場合

　損害額＝療養費等＋逸失利益＋慰謝料＋休業補償

③受傷後治療し完治した場合

　損害額＝療養費等＋慰謝料＋休業補償

　なお、災害発生時は被災者や遺族に事業者側に対する疑念や不信感を持たれることのないよう、災害発生直後から誠心誠意に対応することが重要です。また、相手に不安を与えぬよう労災保険制度等の説明や諸手続きは早急に行い、できればこちらの（示談をする）考え方をある程度話しておくことが望ましいです。また話ができない場合でも「時機を見て話をさせてもらう」程度の意向を伝えておくとその後の交渉がしやすくなります。

〈用語解説〉

逸失利益……被災者が労働災害に遭わなければ今後にわたって本来得られたであろう利益のことであり、後遺症の程度や被災者の家族構成、過去1年間の平均賃金や就労可能年数により算出される。

慰謝料………被災者や遺族が被った精神的苦痛に対する損害額

後遺症………労働者災害補償保険法施行規則、自動車損害賠償保障法施行令では治癒後に残存する(後遺)障害の程度によって1級から14級まで区分されている。なお、身体障害者福祉法の障害等級とは基準が異なる。

（3）労働者災害補償保険制度（労災保険）について

①労災保険制度とは

　労災保険制度は、労働者の業務上の事由または通勤による労働者の傷病等に対して必要な保険給付を行い、あわせて被災労働者の社会復帰の促進等の事業を行う制度です。その費用は、原則として事業主の負担する保険料によってまかなわれています。

　労災保険は、原則として　一人でも労働者を使用する事業は、業種の規模の如何を問わず、すべてに適用されます。なお、労災保険における労働者とは、「職業の種類を問わず、事業に使用される者で、賃金を支払われる者」をいい、労働者であればアルバイトやパートタイマー等の雇用形態は関係ありません。また、中小事業主や一人親方は労働者とみなされないので通常は労災保険制度の対象となりません。そのため傷病等に備えるには労災保険特別加入制度や民間の保険に加入する必要があります。なお、複数の事業所で雇用されている場合（ダブルワークなど）には全ての勤務先の賃金額をもとに給付額が決定されます（令和2年9月法改正）。

②労災保険の主な給付

療養（補償）給付
　業務災害又は通勤災害による傷病により療養するとき必要な療養の（費用の）給付

休業（補償）給付
　業務災害または通勤災害による傷病の療養のため労働することができず賃金を受けられないとき休業4日目から休業1日につき給付基礎日額の80%（休業特別支給金の20%分を含む）

Ｖ
労働災害が発生してしまったときの対応

障害（補償）給付

業務災害又は通勤災害による傷病が治癒（症状固定）した後に障害等級第1級〜第14
級に該当する障害が残った場合、障害の程度に応じ一時金もしくは年金

遺族（補償）給付

業務災害又は通勤災害により死亡したとき遺族に対して一時金もしくは年金

葬祭料（葬祭給付）

業務災害又は通勤災害により死亡した人の葬祭を行ったものに対して算出式により一時金

傷病（補償）年金

業務災害又は通勤災害による傷病が療養開始後1年6か月を経過して治癒せずに障害の
程度が傷病等級第1級〜第3級に該当する場合に年金

介護（補償）給付

障害（補償）年金又は傷病（補償）年金受給者のうち第1級の者又は第2級の精神・神
経の障害及び胸腹部臓器の障害の者であって現に介護を受けているとき

（常時介護の場合）72,990円〜166,950円（月額）

（随時介護の場合）36,500円〜 83,480円（月額）

「補償」の有無の違いについて

　　通勤災害の場合……「補償」がつかない「○○給付」

　　業務災害の場合……「補償」がつく「○○補償給付」

---

　(2) のとおり労働基準法では使用者に対して労働者が労働災害に遭った際の補償の義務が課
せられていますが、これらの業務上災害の労働基準法上の法定補償は労働者災害補償保険等の
保険によっておおむね担保されていると考えられます。

　また、労働基準法第84条では、

・災害補償について、労働者災害補償保険法又は厚生労働省令で指定する法令に基づいて
　災害補償の給付が行なわれるべきものである場合には使用者は補償の責を免れる（第1
　項）。
・使用者は、労働基準法により補償を行った場合は、同じ事由については、補償の価額の
　限度については民法による損害賠償の責を免れる（第2項）。

　となっており、被災者に対して労災保険等の給付が行われる場合には、使用者は「同じ事由」
については損害賠償しなくてよいということになります。

　しかし、これには注意する必要があります。それは労働者災害補償保険法等の法令で給付が
行われるのは、①療養の費用、②休業補償（平均賃金の60%）、③逸失利益（障害補償・遺族
補償）、④葬祭料であり、前述の「慰謝料」に相当する部分は全く含まれていません。

　また、実際の損害額と上記の給付額とは②が60％分しか支払われない等、制度上金額に差が発生します。

　労働安全衛生法では企業が事業活動を展開する中で、事業者に対しては使用する労働者の安全と健康を確保するための措置義務を厳しく課しており、労働災害が発生した場合にそれを怠っているなどの法律違反に対しては刑事責任が追及されます。被災者や遺族は使用者等（加害者、事業主、元請会社）に対し不法行為や安全配慮義務の債務不履行を根拠に民法上の慰謝料を含む損害賠償を求めることができます。

　事業者に対し損害賠償を求めるには示談（和解）、調停、訴訟によりますが、通常はまず裁判所等を介しない当事者双方が話し合う示談交渉を開始し、双方の主張が平行線となり不調となった場合は調停や訴訟によって解決することとなります。

（4）示談について

①基本的な心構え

　示談は、争い事をなるべく話し合いにより解決しようとする日本的な考え方に合致するものであり、労働災害の場合は雇用関係等を通じて当事者の関係が濃密であることから、示談が行われやすい環境にあります。

　被災者側からすれば、できるだけ速やかに補償問題を解決したいと望んでいるので、当事者である事業者は誠心誠意をもって応え、この問題を解決しようとする努力を重ねることが重要です。

　労働災害に関する紛争を示談（和解）によって迅速に解決することは、一般に、被災者・加害者の双方にとって補償の問題だけでなく、傷害の場合であれば円満に職場復帰が可能になるし、また遺族にとっては早期に人生設計を再構築するきっかけにもなり得るものであるといったメリットがあります。

　示談をするうえで最も大切なことは、誠意を尽くして忍耐強く十分話し合い、互いに納得したうえで示談を成立させるよう努力を重ねることです。示談交渉においては、被災者側の心情的な面にも十分配慮して誠心誠意をもって対応しなければなりません。さらに、被災者側に納得してもらうためには、交渉の前提となる客観的な根拠や裏付けを示すことが大切です。

　示談交渉をする担当者は、被災者がいつ、どこで、どのような経緯で被災したのか、自社で作成した事故・災害報告書や被災現場の関係者から聴取するなどして、詳しい説明ができるように情報収集することが大切です。あわせて、被災者の就労態度等についても十分把握しておく必要があります。曖昧な説明では遺族は納得しません。資料や情報は多いほどよく、事前の準備（情報収集も含む）は念入りにしましょう。こうした情報は示談を円滑に進める上で欠かせないものです。

　また、交渉担当者には気力と辛抱が必要です。何回も足を運び、何度も説明して、ようやくやっとの思いで示談交渉は成立するものと思ってください。相手方の立場になって心情を察知し十分配慮して対応することが大切です。

②示談をするメリット

　示談とは民法第695条が規定する和解の一種であり当事者間で歩み寄って解決する契約です。労働災害での解決で最も優先的に進める方法は示談であり、示談で解決することは双方にとって次のようなメリットがあります。

　事業者側には、

- ・訴訟に持ち込まれることなく、早期に解決を図ることができる。
- ・責任の有無を認めなくとも解決できる。
- ・遺族や被災者との争いがないことで刑事処分が有利になることがある。

といったメリットがあります。

　また相手方にとっても、

- ・早期に解決することにより生活が安定する。
- ・訴訟が不要となり時間と費用が節減できる。
- ・双方が納得しており争いがないため後に事業者からの協力も期待できる。

といった点でメリットがあるといえます。

　ただし、昨今はテレビCMなどの影響で弁護士に相談や解決を依頼しやすい環境となっているため、当事者のみでの示談による解決は場合によって厳しい状況もあります。

③示談の手順

　示談は災害発生後、次の手順を踏んで行うのが一般的です。

事前準備

　1）相続人等の確認

- ・遺族関係の確認（相続人、労災保険の受給権者等の関係者を戸籍謄本等で確認する）
- ・給付基礎日額の確定
- ・厚生年金、国民年金等の加入状況の確認

　2）具体的金額の算定

- ・年齢、平均賃金、入院・通院日数、後遺症の有無・程度、家族構成、本人過失の有無、他の保険からの給付等を考慮する

　3）資金の調整

- ・労災保険からの給付額、元請や事業者の加入する労災上乗せ保険等の加入状況、及び分担額について確認する
- ・交渉に当たってはその場で合意しやすいよう提示する金額に幅を持たせ、交渉担当者に決定権を与える

示談交渉

1）交渉人等

・交渉に当たる人は保険関係に詳しく、相手から信頼を得られ、粘り強く説得できる人がよい。また後で発言の内容が問題にならないように複数の人員で対応する（場合によってはICレコーダーなども利用する）。

・交渉に当たっては相手方が親族、弁護士などの代理人を立てる場合があるが立場をよく確認し、委任状を取っておく。

・後日の争いになる懸念があれば、必要に応じて弁護士などの第三者を立会人として同席させ、調印させる。

2）示談交渉の開始時期

示談交渉にあたっては可能な限り早い方が良いが、損害額の算定に当たっては被災者の損害をある程度掴んでおく必要がある。目安となるのが次の場合である。

　休業災害の場合

　　・被災者の傷病が治癒し症状固定となり障害等級が決定したとき。

　　・被災者の傷病が1年6ヵ月経過しても治癒せず、傷病年金を受給することが決定したとき

　　・療養中の被災者が死亡した場合

　死亡災害の場合

　　・葬儀後、初七日や四十九日の法要後などの区切りを目途に、タイミングの良い時期を見計らって行う。

3）示談の締結

・無理に1回の交渉で解決しようと思わない（相手が十分に理解し納得することが必要である）。

・死亡災害では墓参りや仏壇に線香を供え、供え物等を準備し弔意を表すこと。

・話し合いの場所はできる限り相手の希望に沿うこと。

・提示した金額等の内容について相手方が了承できないときは無理に話を進めず検討する時間を与え、改めて回答してもらう。

・示談での解決以外に訴訟による解決方法もあるが、費やす時間や費用の面でも示談による合意が望ましい点を念頭に置き、場合によってはその旨を相手方に説明する。

・会社側の優位な立場を利用して一方的に進めたり、極端に低額で示談したりすると後になって公序良俗違反や錯誤などにより無効とされることも考えられるので注意する。

・示談はお互いが話し合いによって歩み寄り、納得して解決することが重要である。相手の主張がこちらの意図と全く折り合わない、双方の歩み寄りがなく全く進展しないなどの状況であれば、交渉をあきらめ訴訟に入ることも検討する。

V

労働災害が発生してしまったときの対応

4）示談書・上申書（嘆願書）の提出

　示談書の締結が終了したら、できれば（関係者に寛大な処分を求めるため）上申書（嘆願書）を書いてもらい示談書の写しとともに監督署・警察署・発注者へ提出する。

5）示談書の記載事項

　示談書において必須の記載事項は次のとおりである。

・当事者（被災者側の損害賠償請求権者と損害賠償支払者）
・事故の状況（発生日、発生場所、事故状況）
・示談金額
・示談金額の支払条件（支払日、支払方法）
・他の保険給付との関係（労働者災害補償保険、厚生年金、国民年金等）
・請求権放棄条項
・示談締結日付
・双方の当事者の署名・捺印
　（注）相手方は実印とする（印鑑証明書で確認すること）
・立会人があればその署名捺印（示談が双方の歩み寄りで締結されたことを客観的に証明する）

6）示談書・上申書（嘆願書）の例
　ア）示談書（その１・死亡災害の例）→ P95 〜 96
　イ）示談書（後遺障害の例）→ P97 〜 98
　ウ）上申書（嘆願書（死亡災害）の例）→ P99

7）示談時には想定していない損害が後に判明した場合

　示談がいったん有効に成立すると、その後に見当違いや損害が発生してもそれを理由に安易にやり直しはできません。（民法第 696 条）

　ただし、示談交渉時には全く予想し得なかった事情がある場合にはその限りではありません。

例：早急に少額での示談を行ったが、その後予想できなかった不測の再手術を受ける、後遺症が発生するなどした場合。

ア）示談書（その１・死亡災害の例）

（死亡事例 ･･･ 相続人が妻と未成年の子の場合）

示　談　書

　被災者○○○○の妻○○（以下甲という）と、長男○○（法定代理人親権者母○○、以下乙という）、株式会社○○（以下丙という）、○○株式会社（以下丁という）は下記Ⅰの労働災害について、下記Ⅱの条項によって円満に示談が成立した。

Ⅰ．労働災害の概要（以下、本件事故という）

　　　　発生日時　　令和○年○月○日（　）　午後○時○○分頃
　　　　発生場所　　東京都千代田区○○　○○ビル新築工事作業所
　　　　発生状況　　丙が元請で施工する「○○ビル新築工事」において、丙から工事を請負った丁の労働者として作業する被災者が８階鉄筋組立て現場において、作業中に25ｍ墜落し死亡したもの

Ⅱ．示談内容

　　1．丙と丁は連携して甲と乙（以下、甲らという）に対し、本件事故につき慰謝料を含む一切の損害賠償金として、※労働者災害補償保険法、厚生年金保険法、国民年金法に基づく保険給付金とは別に　金○○○○○○○円を支払う。

> ※示談をする際には、この文言を必ず記載する必要があります。

　　2．丙と丁は、前項の金員を、甲の指定する下記銀行口座に令和○年○月○日を期日とし振込により支払うものとする。
　　　　〔振込指定口座　○○銀行○○支店
　　　　普通　口座番号○○○○○　口座名義（フリガナ）　○○○○〕
　　3．前2項に記載の示談金の甲らにおける配分は、甲らの責任において行うものとし、丙と丁はこれに何ら異議等を述べないものとする。
　　4．甲、乙、丙および丁は、本示談書に定めるもののほか何らの債権債務の無いことを確認し、今後本件事故に関し、甲および乙は丙、丁およびその従業員、工事の発注者、その他工事関係者に対し一切の異議申立て、賠償その他の請求、訴え等を行わないことを確約する。
　　5．万一将来、被災者、もしくは甲らと何らかの関係を有する者から、本件事故ならびに本示談に関し、異議申立て、請求等があった場合には、甲らの責任において解決し、甲らは丙、丁およびその従業員、工事の発注者、その他工事関係者に対し一切迷惑・負担をかけないことを確約する。

本示談成立の証として本書4通を作成し、甲、乙、丙および丁がそれぞれ署名捺印のうえ、各自1通を保有する。

　令和〇年〇月〇日

　　　　　　　　（甲）　　住所
　　　　　　　　　　　　　氏名　　　　　　　　　　　　　　　　印

　　　　　　　　（乙）　　住所
　　　　　　　　　　　　　氏名　　　　　　　　　　　　　　　　印

　　　　　　　　　　　　（乙法定代理人親権者）
　　　　　　　　　　　　　母　　　　　　　　　　　　　　　　　印

　　　　　　　　（丙）　　住所
　　　　　　　　　　　　　氏名　　　　　　　　　　　　　　　　印

　　　　　　　　（丁）　　住所
　　　　　　　　　　　　　氏名　　　　　　　　　　　　　　　　印

　　　　　　　　立会人　　住所
　　　　　　　　　　　　　氏名　　　　　　　　　　　　　　　　印

イ）示談書（その２・後遺障害の例）

（障害事例…後遺障害を残した場合）

示 談 書

　被災者○○○○（以下、甲という）と株式会社○○（以下、乙という）と○○株式会社（以下、丙という）とは、下記Ⅰの労働災害について、下記Ⅱの条項によって円満に示談が成立した。

Ⅰ．労働災害の概要（以下、本件事故という）

　　　　発生日時　　令和○年○月○日（　）　午後○時○○分頃

　　　　発生場所　　大阪市中央区○○　　○○ビル改修工事　現場内

　　　　発生状況　　乙が元請で施工する「○○ビル新築工事」において、乙から工事を請負った丙の労働者として従事していた甲が３階天井部分のボード貼り作業において作業台より墜落し負傷したもの。

　　　　被災者病状　左足骨折、左腕脱臼により令和○年○月○日から令和○年○月○日まで入通院し、令和○年○月○日に治癒し、労働者災害補償保険法による障害等級○級の後遺障害認定を受けた。

Ⅱ．示談内容

　1．乙と丙は甲に対し、本件事故につき慰謝料を含む一切の損害賠償金として、労働者災害補償保険法、厚生年金保険法、国民年金法に基づく保険給付金のほか、金○○○○○○○○円を連帯して支払う。

　2．乙と丙は、前項の損害賠償金を令和○年○月○日を期日として下記の銀行口座に振込により支払うものとする。

　　　〔振込指定口座　　○○銀行○○支店

　　　普通　口座番号○○○○○　口座名義（フリガナ）　○○○○〕

　3．甲、乙、および丙は、本示談書に定めるもののほか何らの債権債務の無いことを確認し、今後本件事故に関し、甲は乙、丙、およびその従業員、工事の発注者、その他工事関係者に対し一切の異議申立て、賠償その他の請求、訴え等を行わないことを確約する。

本示談成立の証として本書3通を作成し、甲、乙、および丙がそれぞれ署名捺印のうえ、各自1通を保有する。

　　令和○年○月○日

　　　　　　　　（甲）　　住所
　　　　　　　　　　　　　氏名　　　　　　　　　　　　　　　　　㊞

　　　　　　　　（乙）　　住所
　　　　　　　　　　　　　氏名　　　　　　　　　　　　　　　　　㊞

　　　　　　　　（丙）　　住所
　　　　　　　　　　　　　氏名　　　　　　　　　　　　　　　　　㊞

　　　　　　　（立会人）　住所
　　　　　　　　　　　　　氏名　　　　　　　　　　　　　　　　　㊞

ウ）上申書（嘆願書（死亡災害）の例）

令和○年○月○日

○○労働基準監督署長　殿
○○警察署長　殿

遺族側住所
被災者との続柄
遺族氏名　　　　　　印

嘆　願　書

　令和○年○月○日○○建設株式会社○○作業所において夫である○○○○が作業中に死亡した件につきましては、○○建設（株）の皆様には誠意ある対応により令和○年○月○日に円満に示談が成立しました。私ども遺族は関係者のご努力に大変感謝いたしております。

　満足のいく和解であり、○○建設（株）の方々からは二度と同じような災害を起こさないという決意が伝わっております。

　私達は示談も円満に解決した現在、○○建設（株）およびその関係者をとがめる気持ちは全くございません。

　つきましては、この方々へは何卒ご寛大なご処分をされますよう、ここに嘆願書を以って申し上げます。

以上

Ⅵ 事　例

Ⅵ

事

例

1．地方整備局が公表した指名停止措置事例

地域	業者名	指名停止期間	事実の状況	措置要領該当号数
北海道	H工業	1ヵ月	堤防維持工事において、伐木をユニック車で一旦仮置き場に搬送し、荷下ろし完了後の帰路において、ユニック車のブームを格納せずに走行し、JR踏切内で架線に接触する事故を発生させた。	別表第1第4号
北海道	K電工	1ヵ月	作業員1名が脚立から転落し、両足の踵を骨折する労働災害が発生したにもかかわらず、遅滞なく所轄労働基準監督署に報告書を提出せず、労働安全衛生法違反により罰金刑の略式命令を受けた。	別表第2第15号
東北	S建設	2週間	解体工事において、高さ2m以上の場所にある足場の作業床から散水作業等をしていた労働者が墜落して死亡する災害を起こした。同社及び同社現場代理人が労働安全衛生法違反により、罰金刑の略式起訴を受けた。	別表第1第8号
東北	S砕石	2ヵ月	現場打ちボックスカルバート施工のため設置していた雪寒仮囲い施設の屋根材が強風により落下し、片付け作業をしていた作業員の右足にぶつかり負傷する事故が発生したにもかかわらず、所轄労働基準監督署に対して、「会社の資材置場で発生した」旨の虚偽の労働者死傷病報告を提出し、同署の災害調査においても同様の虚偽陳述をしたとして、労働安全衛生法違反の容疑で同社、同社代表取締役及び同社取締役管理部長を書類送検した。	別表第1第4号
関東	M商会	2週間	新築工事現場において、トラック運転手が鋼材の落下により死亡する労働災害事故を発生させた。簡易裁判所は、下請け業者への指導を徹底しないなど労働安全衛生法違反のため、同社と工事所長に対して罰金30万円の判決を言い渡した。	別表第1第8号
関東	M電舎	6週間	受変電設備工事において、マンホール設置作業中に地山が崩落し、据付準備を行っていた作業員が土砂とマンホールに挟まれて腹部を圧迫され、死亡する事故を発生させた。	別表第1第7号
関東	K工業T工業(JV)	1ヵ月2ヵ月	上部工事において、補剛桁部材をT工業工場から架設現場に輸送中に急カーブにおいて、乗務員がハンドル操作を誤りカーブ出口で高床セミトレーラーを横転させた。事故処理を行うために全面通行止め、片側交互通行を実施したため、道路交通に支障をきたした。事故発生箇所は、受注者から提出された運搬計画に記載のない箇所だった。	別表第1第5号

地域	業者名	指名停止期間	事実の状況	措置要領該当号数
中部	S建設	1ヵ月	アスベスト除去工事現場において、足場の変更作業に従事していた派遣労働者が高さ約6mの足場の開口部から床面へ墜落し、重傷を負う災害が発生した。S建設の現場責任者は作業に就かせるために必要な教育を行っていなかった。このことが労働安全衛生法に違反し、法人及び現場責任者がそれぞれ罰金10万円の略式命令を受け、その刑が確定した。	別表第2第15号
北陸	㈱K (元請) IB (下請)	2週間 2週間	法面対策工事において、昇降階段設置作業を行うにあたり、IBの作業員2名が転落し、1名が約20m下の沢に転落して死亡、1名が約15m落下し昇降用踊場で止まり重傷を負った。	別表第1第7号
北陸	T組	2週間	砂防堰堤工事において、工事用道路にて敷鉄板敷設作業を実施していた作業員が、敷鉄板の荷下ろし中に、トレーラーの荷台と敷鉄板に挟まれて死亡した。	別表第1第7号
近畿	T道路	2週間	舗装工事において、橋面防水工(塗膜防水)の施工にあたり、一斗缶に入った熱せられた防水材を運搬・塗布作業中、塗布済み箇所を踏んで足を取られ転倒し、防水材が作業員の手と足に飛散し、熱傷を負う事故を起こした。さらに別の作業員も、防水材に足を取られ、一斗缶を蹴り上げてしまい、防水材が顔面に飛散し、熱傷を負う事故を起こした。	別表第1第7号
近畿	YB	6週間	道路建設現場において、橋桁が落下し、作業員10人が死傷する事故が発生した。YBの元現場所長が仮設置された橋桁を支えるクレーンの柱が地盤沈下で傾いているにもかかわらず、地盤調査などを行わず、橋桁を落下させ作業員2人を死亡、8人に重傷を負わせたとして、元現場所長が業務上過失致死傷罪で在宅起訴された。また、この影響で真下を通る国道は、一部区間が約2ヵ月間通行止めとなった。	別表第1第6号 別表第1第8号
中国	㈱K (元請) ㈲K (下請)	2週間	工事現場において、作業員が配水管埋設工事中にバランスを崩したパワーショベルと支柱にはさまれ死亡する事故が発生した。㈱Kの現場代理人と㈲Kの現場責任者が業務上過失致死と労働安全衛生法違反、両社が労働安全衛生法違反で略式命令を受けた。	別表第1第8号

Ⅵ

事例

地域	業者名	指名停止期間	事実の状況	措置要領該当号数
中国	Y建設	1ヵ月	駅前広場整備工事において、足場の変更作業中に、下請の労働者が高さ約3.6mの足場上から床面に墜落し、休業約1ヵ月のケガを負う労働災害が発生した。その後、Y建設の現場代理人は、労働基準監督官が臨場検査を実施した際、当該工事現場内で労働災害は発生していない旨の虚偽の陳述をした。そのことで、Y建設と現場代理人は労働安全衛生法違反の容疑で略式起訴された。	別表第2第15号
四国	S㈱I工業(JV)	2週間	浄水場整備事業の工事現場において、JVの下請負人の労働者が架設通路を使用してポンプ室の天井開口部から降りようとしたしたところ墜落し死亡した。JVの元方安全衛生管理者が、手すり及び中桟等を設ける義務を怠ったとして、労働安全衛生法違反で罰金20万円の略式命令を受けた。	別表第1第8号
四国	Y建設	2週間	漁港工事現場において、作業員1名がクレーンで吊り上げた鋼矢板の束とコンクリート壁に挟まれて死亡した。Y建設と同社現場代理人が、安全管理の措置が適切でなかったとして、それぞれ罰金20万円と罰金10万円の略式命令を受けた。	別表第1第8号
九州	㈱A	2ヵ月	民間工事において、台風が接近していたにもかかわらず、適切な措置をせず足場を倒壊させ歩行者1名を死亡させた。	別表第1第6号
九州	H建設	1ヵ月	屋外トイレ修繕工事において発生した工事関係者事故を、同社敷地内において負傷した旨労働基準監督署長に虚偽の報告を行った。このため、同社取締役に対し、労働安全衛生法違反による罰金の略式命令があり、刑が確定した。	別表第2第15号

2. 送検事例

1. 墜落・転落災害発生における書類送検事例①

別途発注工事会社の設置した開口部からの墜落で統括管理の元請作業所長が送検

送検概要

食品工場増築現場で別途発注された設備工事の下請会社が設置した開口部から、建築工事の３次下請会社の作業員がその開口部から墜落し、同日死亡した。

事情聴取の結果、建築工事の元請会社と同社作業所長及び設備工事を請負った元請会社の３次下請会社（開口蓋を設置した会社）と同社工事責任者が安衛法違反の疑いで送検された。

この現場は、発注者から建築工事と設備工事が分割発注されており、統括管理を建築工事を請負った元請会社が口頭で指名を受けていた。

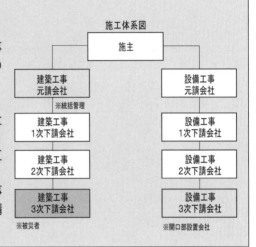

施工体系図

```
                    施主
        ┌────────────┴────────────┐
   建築工事                    設備工事
   元請会社                    元請会社
   ※統括管理
   建築工事                    設備工事
   1次下請会社                 1次下請会社
   建築工事                    設備工事
   2次下請会社                 2次下請会社
   建築工事                    設備工事
   3次下請会社                 3次下請会社
   ※被災者                    ※開口部設置会社
```

送検事由

①設備工事の３次下請会社及び同社工事責任者（開口蓋を設置した会社）

設備工事を請負った会社の３次下請の工事責任者が設置した開口部には「開口部注意 乗るな！」と表示していたものの、切り取った部材を再びはめ込み、棒状の部材を２本乗せていただけで「墜落防止措置とはいえない」と判断された。

②建築工事の元請会社及び同社作業所長

この現場は２つ以上の事業者が混在する現場であり、統括管理をするように指名を受けた建築工事を請負った元請会社の作業所長は、全ての作業場所を巡視する必要があったがこれを不足していたこと、また別途発注している設備工事の全会社を含む協議組織が適切に設置されていないと判断された。

被疑者、違反条文

①設備工事の３次下請会社及び同社工事責任者
- ●安衛法第 21 条第 2 項
- ●安衛則第 519 条第 1 項
- ●安衛法第 119 条第 1 号（罰則）
- ●安衛法第 122 条（両罰）

②建築工事の元請会社及び同社作業所長
- ●安衛法第 30 条第 1 項
- ●安衛則第 635 条第 1 項
- ●安衛則第 637 条第 1 項

災害発生状況図

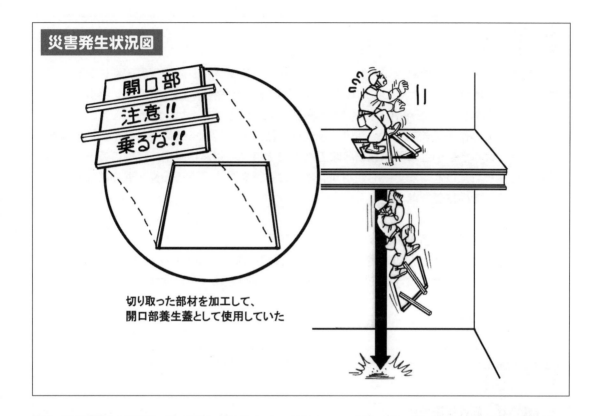

開口部
注意!!
乗るな!!

切り取った部材を加工して、
開口部養生蓋として使用していた

再発防止対策

①開口部（墜落により作業員に危険を及ぼすおそれのある箇所）には安全衛生法令で定める適切な「墜落防止措置」を行うこと

②建築工事において、設備等が別発注される場合は統括管理指名を発注者から文書で指名を受けるとともに、指名された事業者は別途発注工事業者を含めた災害防止協議会に参加させるか、又は協議内容を周知させると共に、指名された業者の統括安全衛生責任者は全ての場所を巡視すること

1. 開口部は墜落防止措置を確実に！
2. 統括管理を指名されたら、別途発注された工事の全ての会社まで管理を徹底せよ！

VI

事
例

竣工検査後の作業で、墜落防止措置を怠り送検

送検概要

　建物本体に付帯する倉庫棟において、竣工検査でアスファルト防水保護砂利に足跡を付けられ、その足跡を消すための敷均し作業中、2次下請の労働者1名が墜落し、死亡した。

　この作業自体は、20分程度のごく短時間の予定外作業であった。地上から4.2mの高さにおけるその作業に際しては、囲い、手すり、覆い等を設ける等必要な墜落防止措置を講じなければならないところ、建物の竣工検査後であり、引渡し直前の建物に傷をつける恐れも考えられたこと、安全帯を使用するための親綱を設置できる設備も建物になかったことなどで、その措置を怠った。

　事情聴取の結果、工事を請負った元請会社及び同社作業所長が安衛法違反の疑いで送検された。当日は、出来上がった倉庫に発注者の書類を搬入するのが主な作業のため、1、2次共、職長・安全衛生責任者を配置する等の管理体制を執っていなかったため、下請会社の責任は問われなかった。

送検事由

①元請会社、同社作業所長

　被告人会社の業務に関し、法定の除外事由がないのに、倉庫の屋上に敷いた砂利を均すため、下請負人の労働者に同建物の屋上床面を作業床として使用させるに当たり、同作業床は地上からの高さが約4.2mあり、作業床の端から墜落により労働者に危険を及ぼすおそれがあったのに、同作業床の端に囲い、手すり等を設けず、もって建設物等について労働者の労働災害を防止するため必要な措置を講じなかったものである。

被疑者、違反条文

①元請会社、同社作業所長
●安衛法第31条第1項
　　　第119条第1号（罰則）
　　　第122条（両罰）

●安衛則第653条第1項

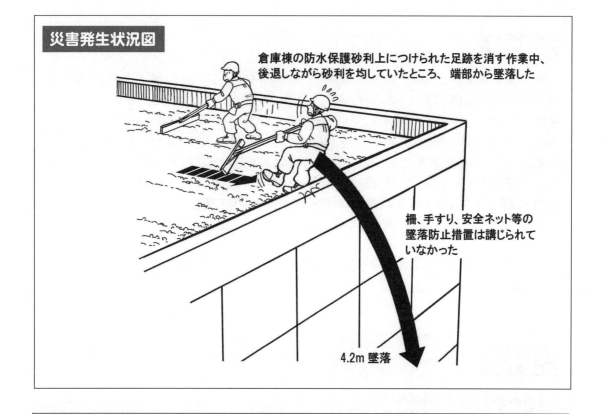

災害発生状況図

倉庫棟の防水保護砂利上につけられた足跡を消す作業中、
後退しながら砂利を均していたところ、端部から墜落した

柵、手すり、安全ネット等の
墜落防止措置は講じられて
いなかった

4.2m 墜落

再発防止対策

①屋上開口部は、安全ネット又はスタンションなどによる手すりを設け、墜落防止設備の
　ない箇所での作業は原則行わない。

②やむを得ず手すりなどを設置できない急な作業においても、セルフロック等の墜落防止
　設備を設け、単独作業は認めない。

③上記手すりなどのない屋上等での作業は事前に作業内容・人員・手順をよく確認し、申
　請・許可制とし、職員が立会うことを原則とする。

　1．短時間、軽微な作業でも、安全対策を怠らない！
　2．作業のやり方を決め、監視人を配置し、端部に近づいた
　　　時に警報を出すなど事前の策を講じる！

VI

事

例

バックホウによる挟まれ災害で
機械貸与を受けた元請が送検

送検概要

　被災者は 4t ユニック車で大型土のうを運搬する作業をしていた。当時、ユニック車は積み降ろし場所の手前でいったん停止しており、被災者がユニック車をバックさせる誘導を行っていたが、バックしすぎたので位置調整のためユニック車は前進した。一方、ユニックから土のうを降ろすために待機していたバックホウの運転者はユニック車が前進したのを確認したため、集積場にブームを向けた状態（被災者の方には向いていない状態）で 2m ほど前進した。その時、被災者はバックホウの進行方向にいたため接触し、右足大腿部から股下までをキャタピラに踏まれ、同日搬送先の病院で死亡した。

　なお、当該バックホウは元請会社が貸与を受けたものであった。

　事情聴取の結果、工事を請負った元請会社と工事担当者及び4次下請会社と同社社長が安衛法違反の疑いで送検された。

送検事由

①4次下請会社及び同社社長

事業者の接触防止義務違反を怠ったと判断された。

②元請会社及び同社工事担当者

機械貸与を受けたものの通知義務違反と判断された。

被疑者、違反条文

①4次下請会社及び同社社長	②元請会社及び同社工事担当者
●安衛法第 20 条第 1 号	●安衛法第 33 条第 2 項
●安衛則第 158 条第 1 項	→ P13　機械貸与者等責任参照
●安衛法第 119 条第 1 号（罰則）	●安衛則第 667 条第 2 号
●安衛法第 122 条（両罰）	●安衛法第 119 条第 1 号（罰則）
	●安衛法第 122 条（両罰）

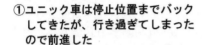
災害発生状況図

①ユニック車は停止位置までバック
　してきたが、行き過ぎてしまった
　ので前進した

②被災者はユニック車の
　誘導をしていてバック
　ホウに背を向けていた

③バックホウのオペレーターは
　ユニック車が移動したのを見て
　横向きのまま前進した

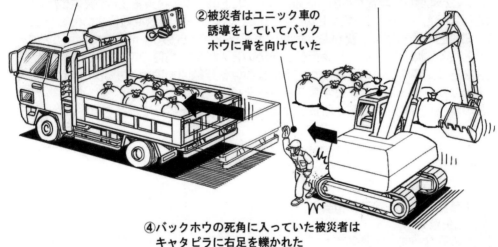

④バックホウの死角に入っていた被災者は
　キャタピラに右足を轢かれた

再発防止対策

①車両の誘導は専任の誘導者が行うよう徹底し、接触防止措置を行った定位置で行う

②リース機械を元請がリース会社から借りて協力会社の運転者又はリース会社の運転者に
　操作させる場合、元請は運転者に対して運転資格の確認・通知を行い、作業内容・指揮
　系統・連絡合図方法・運行経路・制限速度を作業計画書に基づき説明をする

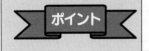
ポイント

1. 車両誘導は専任者が行うこと！
2. 元請がリースした機械は、一定の管理が要求される！

Ⅵ

事
例

建築工事でアースドリルが倒壊し、元請職員も送検

送検概要

　マンション新築工事現場の基礎工事において、被疑者は、杭穴に建て込んだ重さ 10.5 t のケーシングをアースドリルで引き抜くに際し、当該アースドリルの最大使用荷重を守らずに、作業を行わせた。その結果、アースドリルが転倒し、アースドリルの運転者が負傷するとともに、歩行者 2 名が死傷し、隣接する国道を通行していたトラックの搭乗者 3 名が負傷した。

　捜査によると、ケーシングは重量が約 10.5 t で、クレーンが横転しないためには約 10 m の作業範囲で運転する必要があったが、ケーシングから約 14 m 離れた場所からつり上げようとしていた。さらに、作業所長ら元請の 2 人は事故当日の朝礼で、下請社員らに作業範囲を守る指導をしていなかった。下請社員は作業範囲を確認せず、オペレーターも把握していなかった、結果、過失が重なり事故を招いた。

　元請の現場責任者だった作業所長らが業務上過失致死傷容疑で書類送検された。

送検事由

■元請工事責任者・元請工事担当者
〈業務上過失致死傷〉
下請業者のみならず、元請事業者が一般的な施工管理にとどまらずアースドリルの転倒防止について未然に防止すべき監督義務を負担している。また、アースドリルが転倒し人の死傷の結果が生ずる危険のあることの予見可能性とその結果回避可能性について、下請工事担当者等に必要な指導、確認を行わず注意義務に違反している。

■1次下請の工事担当者・2次下請のオペレーター
〈業務上過失致死傷〉
補助吊機能使用時の過負荷防止装置が装備されていないアースドリルを用いて作業員に作業を行わせるに際して、転倒防止のために必要不可欠な吊り荷重や、これに応じた安全な作業半径の確認を行わず、作業員に対する何らの指導も行わないまま作業を行わせたもので、要求される指導監督義務を怠った。
〈労働安全衛生法〉
建設機械を使用した危険を伴う作業を行うに当たり、転倒防止のために必要な措置をとらなかった。

被疑者、違反条文

①元請工事責任者
②元請工事担当者
　●刑法第 211 条
　　業務上過失致死傷罪

③1 次下請の工事担当者、下請会社
　●刑法第 211 条　業務上過失致死傷罪
　●安衛法第 20 条第 1 号、安衛則第 163 条
　●刑法第 54 条、安衛法第 119 条第 1 号（罰則）、安衛法第 122 条（両罰）
④2 次下請のオペレーター
　●刑法第 211 条　業務上過失致死傷罪

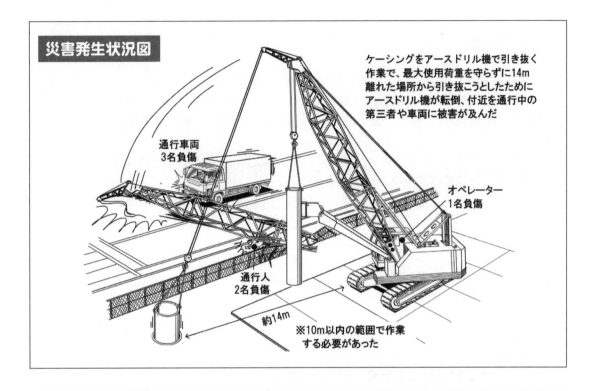

災害発生状況図

ケーシングをアースドリル機で引き抜く作業で、最大使用荷重を守らずに14m離れた場所から引き抜こうとしたためにアースドリル機が転倒、付近を通行中の第三者や車両に被害が及んだ

通行車両
3名負傷

オペレーター
1名負傷

通行人
2名負傷

約14m

※10m以内の範囲で作業する必要があった

再発防止対策

① 作業現場におけるアースドリル機の使用・管理について
・相番機の使用あるいは過負荷防止装置を具備した補巻クレーン機能による安全作業の厳守
・適正な重機作業計画（車両系建設機械・移動式クレーン）の作成及び関係作業員への周知

② 特定元方事業者としての統括安全衛生管理の徹底
・リスクの高い重機作業における現地立会いの実施及び施工状況の把握と的確な安全指示
・事前施工検討会への専門業者参画及び作業計画作成等についての指導支援

③ 店社における具体的な取組み
・公衆災害防止を取り込んだ効果的なリスクアセスメントの実施
・事前評価におけるベテラン（同種工事施工の経験者等）の積極的参画

④ 教育・訓練に関する具体的な取組み
・資格者等の現場入場に係る新たな教育要件の付与
・現場監督力と危険予知能力の育成強化

ポイント 重機オペレーター等の有資格確認のみならず、運転適正の把握も！

VI

事

例

5. 崩壊・倒壊災害発生における書類送検事例②

トンネル肌落ちによる死亡災害で送検

送検概要

　トンネル掘削工事において、切羽での浮き石除去作業が完了し、ロックボルトの位置をマーキングしていた時、左側壁部（高さ4m）の地山が突然肌落ちし、素掘り面の真下で作業していた被災者に、岩塊（最大寸法 1.1m × 0.6m × 0.3m　推定量 200kg）が落下し、死亡した。

　事情聴取の結果、工事を請負った元請 JV サブの職員、1次下請会社及び同社作業所長、現場責任者が安衛法違反の疑いで送検された。

　本来、ロックボルトのマーキングは、1スパンごと吹付コンクリートの施工後にするものであるが、過掘りになっていたため、2スパン分を一度に施工できるかを確認しに立ち入ったと思われる（本人死亡のため推定）。

　事前に定められた手順では、素掘り面に立ち入らないことになっていたが、当時、切羽近くにいた元請 JV サブの職員が、立ち入りを止めなかったとして、送検された。

送検事由

①1次下請会社及び同社作業所長、現場責任者

　隧道の掘削作業を行わせるに当たり、隧道先端部分左肩部の岩石の剥離が生じやすい状態であり、肌落ち等により労働者に危険を及ぼすおそれがあったため、あらかじめ隧道支保工を設け、ロックボルトを施し、浮石を落とし、セメント、モルタルを吹き付ける等当該危険を防止するための措置を講じなければならないのに、上記措置を講じることなく同作業を行わせ、もって掘削等の業務における作業方法から生ずる危険を防止するための必要な措置を講じなかった。

②元請 JV サブの現場担当職員

　下請作業員が、事前に素掘り面に立ち入っていることを知りながら注意しなかった。また、作業員が立ち入ることを止めなかった。

被疑者、違反条文

①1次下請会社及び同社作業所長、現場責任者	②元請 JV サブの職員（現場担当）
●安衛法第 21 条第 1 項 　　第 119 条第 1 号（罰則） 　　第 122 条（両罰） ●安衛則第 384 条	●安衛法第 31 条第 1 項 　　第 119 条第 1 号（罰則） 　　第 122 条（両罰） ●安衛則第 651 条第 1 項

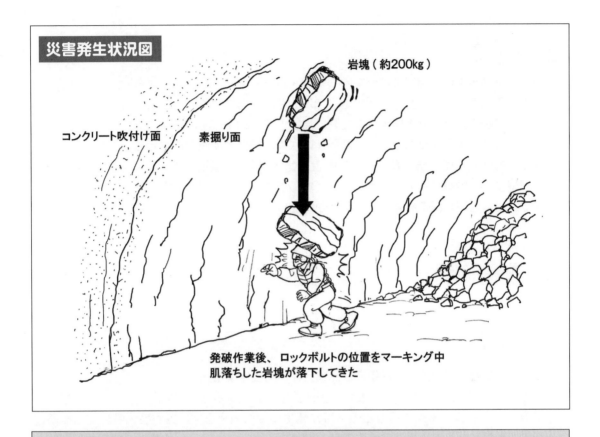

災害発生状況図

岩塊（約200kg）

コンクリート吹付け面　　素掘り面

発破作業後、ロックボルトの位置をマーキング中
肌落ちした岩塊が落下してきた

再発防止対策

①マーキング作業の禁止を徹底する。

　・コソク完了後も素掘り切羽に入らない作業手順書の作成を指導し、周知徹底させる。

　・素掘り切羽への立ち入りを発見した場合、直ちに作業を中止し、安全が確認されるまで再開させない。

②地山状況の変化を伝達し、評価・検討することにより作業に活かす。

　・引継ぎ書による伝達、切羽観察記録の報告、地山評価／支保パターンの判断による「トンネル災害の危険性、坑内作業に関する安全教育」を実施する。

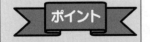

ポイント

1. 黙認せずに作業手順をきっちり守らせる！
2. 地山状況を確実に把握し、遅滞なき支保パターン変更

VI

事例

労災かくしで元請も送検

送検概要

鉄道トンネル本坑切羽で装薬作業中、切羽天端右側部分が剥離（肌落ち）し、被災者に覆い被さるように落下した。被災者は、二次的な肌落ちを恐れ、上半盤から下半盤に飛び降り、腰椎圧迫骨折と膝内側半月板損傷により入院 108 日、自宅療養 11 日の後現場に復帰した。この事実を知りながら、元請所長は次長、被災者所属の協力会社社長及び職長と共謀し、労働安全衛生法に基づく「労働者死傷病報告」の提出を怠った。また、「統括管理状況報告」に労働災害の発生はなかった旨の虚偽報告をした。労働基準監督署への通報により、同監督署が調査を開始し、事実が判明した。

事情聴取の結果、トンネル他工事を請負った元請会社、及び同社作業所長、次長及びトンネル掘削工事を請負った1次下請会社と同社工事責任者が安衛法違反の疑いで送検された。

送検事由

①1次下請会社、同社工事責任者及び元請会社、同社作業所長、次長

協力会社社長、同工事責任者及び元請所長は、元請次長と共謀の上、トンネル掘削工事現場で発生した休業 4 日以上の災害が発生したにも拘らず、労働者死傷病報告を所轄労働基準監督署長に遅滞なく報告しなかった。

②元請会社、作業所長

上記の労働災害が発生したのに、労働災害はなかった旨の内容虚偽の「統括管理状況等報告（その 1）」を労働基準監督署長に提出し、もって虚偽の報告をした。

被疑者、違反条文

①1次下請会社、同社工事責任者及び
　元請会社、同社作業所長、次長
●安衛法第 100 条第 1 項
　　第 120 条第 5 号（罰則）
　　第 122 条（両罰）
●安衛則第 97 条第 1 項
●刑法第 60 条

②元請会社、同社作業所長
●安衛法第 100 条第 1 項
　　第 120 条第 5 号（罰則）
　　第 122 条（両罰）
●安衛則第 98 条

災害発生状況図

切羽の装薬作業中、肌落ちした
岩塊が被災者上に落下

被災者は二次的な肌落ちを
恐れて上半盤から下半盤へ
飛び降りて負傷した

再発防止対策

①あらゆる機会をとらえ、職員及び協力会社に対する意識改革を徹底する。(遵法教育を繰り返し実施)

②「事故・労働災害における報告基準」(社内ルール)を制定し周知を図り、遵守する。考える時間を与えないよう、支店・本社への報告期限を明確にした。

③行為者に対する厳正な処罰を行う。
　元請職員：故意に下請けと共謀し、教唆又は幇助した者に対し、懲罰委員会に諮り、処罰する。
　下請：元請への報告を行わず、また虚偽報告をした場合は、「発注停止」とする。重大性を勘案してその期間を定める。

1. 「労災隠しは犯罪である」旨の意識改革を！
2. 事故・災害の発生から報告期限まで考える時間を与えない！

VI

事例

使用停止命令後の是正不徹底で作業所長が送検

送検概要

　マンション新築工事施工中、階段付近の作業床の端部において、墜落防止用の手すり等がないとして使用停止命令書を受領。

　同日には是正をして、使用停止等命令解除通知書を受領し、工事再開したが1ヵ月後、再度臨検時に前回指摘を受けた同様な箇所において、墜落防止措置がされていないことを指摘され、「是正が徹底されていない」ということで監督署は建築工事を請け負った元請会社と作業所長を書類送検した。

送検事由

①建築工事の元請会社及び同社作業所長

　臨検時に墜落防止措置がされていないということで「使用停止命令書」を受領し、同日「是正報告書」を提出し、「使用停止等命令解除通知書」を受け取ったが、1ヵ月後に再度臨検を受けた時に、前回指摘を受けた状況と同じで墜落防止措置ができていなかった。そのため監督官は「現場で継続的に是正できないなら前回より重い措置を取らざるを得ない」という判断をされたことで、書類送検の手続きとなった。

被疑者、違反条文

①建築工事の元請会社及び同社作業所長
  - 安衛法第31条第1項
  - 安衛則第653条
  - 安衛法第119条第1号（罰則）
  - 安衛法第122条（両罰）

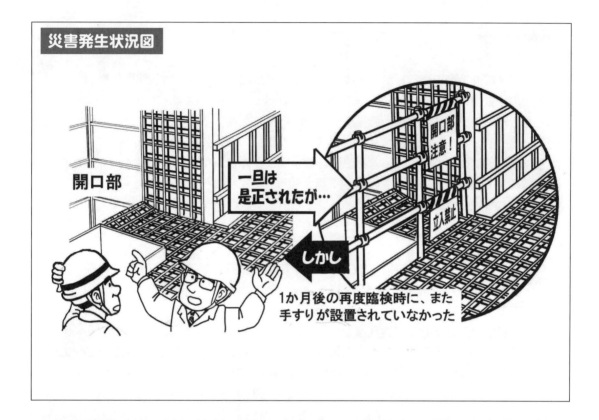

再発防止対策

①墜落防止措置が必要な箇所は作業前に打合せを行い、いつ、誰が設置するのかを契約書面等で明確にすること

②使用停止命令書を受領した場合は災害と同様に再発防止対策を立案し、継続実施すること

③労基署等からの指導事項については再発防止対策が確実に実施されているかを安全パトロール時等で確認する

 臨検時の是正内容は徹底的に継続せよ！

排水処理設備工事での墜落災害で
足場注文者の３次下請が送検

送検概要

　排水処理設備築造工事でビティー枠４段目床面（片面手すり無）で解体型枠搬出作業中の作業員の背中に 50t クレーンのフックが当たり、そのはずみで 5.2m 下に墜落した。被災者傷病程度：腰椎圧迫骨折。転落した側の手すりは外されていた。

　災害発生前、ピット底に集積した鋼管（L = 4.0m）の搬出に作業床（足場板）と手すりが邪魔になるので外し、発生時には手すりが外された状態で放置されていた。

　事情聴取の結果、足場注文者の３次下請会社とその工事責任者、また被災者の下請会社（６次）が書類送検された。

送検事由

①３次下請会社及び同社工事責任者

　３次下請の工事責任者は被災者に型枠解体作業を行わせるに当たり、高さ 5.2m の作業床に墜落により危険を及ぼすおそれがある箇所であるにもかかわらず手すりを設けず、もって、設備による危険を防止するために必要な措置を講じなかったと判断された。

②６次下請会社（被災者の所属会社）

　墜落により労働者に危険を及ぼす箇所であるにもかかわらず、手すりを設けておらず、所属会社として危険を防止する措置を講じていなかったと判断された。

被疑者、違反条文

①６次下請会社（被災者の所属会社）
- ●安衛法第 20 条
  （下請会社の講ずべき措置）
- ●安衛則第 563 条（作業床）

②３次下請会社及び同社工事責任者
- ●安衛法第 31 条第 1 項
  （注文者の講ずべき措置）
- ●安衛則第 655 条第 1 項二のニ
  （足場についての措置）
- ●安衛法第 119 条
- ●安衛法第 122 条（両罰規定）

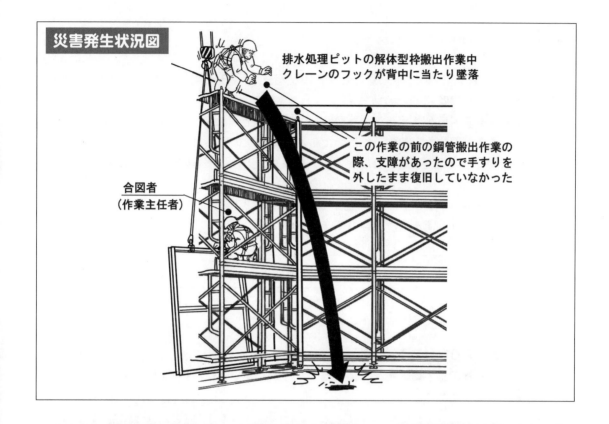

災害発生状況図

排水処理ピットの解体型枠搬出作業中
クレーンのフックが背中に当たり墜落

この作業の前の鋼管搬出作業の
際、支障があったので手すりを
外したまま復旧していなかった

合図者
（作業主任者）

再発防止対策

①足場組立図を作成し、作業員に周知する。始業前に手すり等の不備は直させる。

②安全衛生責任者は安全巡視を行い、設備の確認をし不備な点は是正させる。

③クレーンの合図者は合図によって吊荷等が移動する範囲が見える場所で合図すること。

1. 開口部には必ず手すりを設置する。
2. 玉掛合図者は吊荷等が見える位置で合図をする。

VI

事

例

9. 飛来・落下災害発生における書類送検事例

吊荷下の立入禁止措置を講じず送検

送検概要

　トンネル現場の発進坑口前で覆工セントルを組立中、安全通路を切り回すため、仮組用に使用していた単管パイプの撤去をしていた。撤去した単管パイプ20本の束を玉掛用チェーン2本を使用し25t吊ラフタークレーンで吊り上げた時、何らかの要因（不明）で荷がゆれて傾き落下した。荷の近くにいた1次下請会社の工事責任者と元請会社職員の方向に倒れ当たった。病院に運ばれたが1次下請会社の工事責任者は死亡、元請会社職員は全治5ヵ月の重傷。

　事情聴取の結果、トンネル工事を請負った元請会社と同社作業所長 及び1次下請会社と同社工事責任者が安衛法違反の疑いで送検された。

送検事由

①1次下請会社及び同社工事責任者

　　1次下請会社の工事責任者を、移動式クレーンでつり上げられている荷の下に立ち入らせ災害にあったため。

②元請会社及び同社作業所長

　　元請会社の職員を、移動式クレーンでつり上げられている荷の下に立ち入らせ災害にあったため。

被疑者、違反条文

①1次下請会社及び同社工事責任者	②元請会社及び同社作業所長
●安衛法第20条	●安衛法第20条
●クレーン則第74条の2	●クレーン則第74条の2

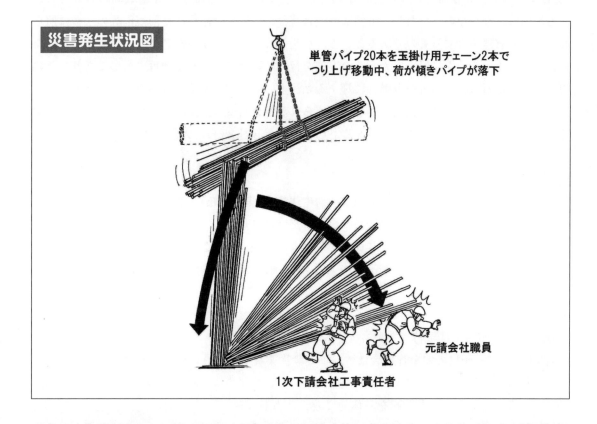

災害発生状況図

単管パイプ20本を玉掛け用チェーン2本で
つり上げ移動中、荷が傾きパイプが落下

元請会社職員

1次下請会社工事責任者

再発防止対策

①クレーンのつり荷の下に入らないよう立入禁止措置をする。

②短時間であっても作業によって安全通路がなくならないよう仮設計画を立てる。

1. つり荷の下には入らない、入らせない！
2. 安全通路は必ず確保する！

VI

事

例

3．安全配慮義務に関わる判例

判例１

「労働基準監督署が法令上違反の点はないとしていることも、前記安全配慮義務の存在を否定する理由にはならない。ただし、労働基準監督署は、労働安全衛生法、同規則等の法令に照らし法違反の有無を検するものであるところ、右法律等は利用者が労働者に対する危険防止のためにとるべき一般的な措置を定め、その実施を行政的監督に服させる趣旨のものであり、その規定するところは、使用者の労働者に対する私法上の安全配慮義務の内容を定める基準となり得るものではあるが、具体状況に応じて定められるべき右安全配慮義務内容のすべてを規定するものではないと考えられるからである」（昭和56年5月25日　大阪地裁判決／M組事件）

判例２

「事業者は、労働基準法第42条（労働安全衛生法第20条第1項）、労働安全衛生法第3条により、単に労働災害防止のための最低基準を守るだけでは足りず、職場における労働者の安全と健康を確保することを要請され、右責務に基づき、機械、器具その他の設備による危険を防止するために必要な措置を講じなければならない」（昭和53年2月28日　広島地裁尾道支部判決／T造船事件）

判例３（被告企業の勝訴）

「本件事件当時、現場の安全管理者は被告T建設従業員Yであり、同所における従業員に対する安全教育は、新しく現場に配属された者について、まず現場の状況をのみこませ、危険箇所の所在及び安全施設・安全計画を具体的に教え、当初3日ないし4日間は一人歩きをさせず、現場に慣れた者と行動を共にさせるほか、毎日行う作業の打合せの際、その都度予想される作業上の危険と一般的危険につき注意を与え、駄目穴については特に資材揚卸作業に従事するもの以外これに近づかないように注意していた。Xも以上のような安全教育を受けていた。右認定の事実によると、被告T建設は本件駄目穴につき墜落防止に必要な安全施設を施し、かつXに対する安全教育も施したというべきであって、同人に対する労働契約上の安全配慮義務の不履行は存しないというべきである」（昭和49年3月25日　福島地裁判決／T建設事件）

判例４（元請企業と下請従業員との関係）

「元請企業と直接の労働契約がない下請従業員との関係においては、当該現場における現実の指揮命令とその支配拘束関係の実態において、実質的には雇用契約の当事者の関係と同視するに足りる特別な関係が認められる場合には、元請企業に債務不履行としての安全配慮義務の懈怠があるとされる」（昭和49年3月14日　福岡地裁小倉支部判決／K建設・O塗装事件）

判例5（長時間労働によるうつ病の発症）

「使用者は、その雇用する労働者に従事させる業務を定めてこれを管理するに際し、業務の遂行に伴う疲労や心理的負荷等が過度に蓄積して労働者の心身の健康を損なうことがないよう注意する義務を負うのが相当である」（平成12年3月24日　最高裁判決／電通事件）

判例6（ハラスメント防止義務）

「長時間勤務による疲労蓄積と睡眠不足に加えて、酒の摂取による眠気が亡Aを襲い、その結果、上司を自分の車で送らされた帰り道において交通事故死したものである。本件作業所の責任者であるB所長はこれに対し、何らの対応もとらなかったどころか問題意識さえ持っていなかったことが認められる。その結果、被告としても、何ら亡Aに対する上司の嫌がらせを解消するべき措置をとっていない。このような被告の対応は，雇用契約の相手方である亡Aとの関係で、被告の社員が養成社員に対して被告の下請会社に対する優越的立場を利用して養成社員に対する職場内の人権侵害が生じないように配慮する義務（パワーハラスメント防止義務）としての安全配慮義務に違反している」（平成21年2月19日　津地裁判決／N土建事件）

判例7（過労死等防止義務）

「恒常的な長時間労働等の負荷が長期間にわたって作用した場合には、疲労の蓄積が生じ、これが自然経過を著しく超えて血管病変等を増悪させ、その結果、心臓や脳の疾患を発生させることがあることは、公知の事実である。亡Aの発症前1か月の時間外労働時間は、100時間に極めて近いものに達し、死亡前7か月の期間で見ても、明らかに過重な時間外労働があったものと認められるほか、顧客先に訪問しての営業等、精神的緊張を強いられるものが含まれ、特に過重な精神的、身体的負荷が生じていたものと推認できる」（平成21年6月5日　広島高裁松江支部判決／O建設事件）

判例8（物的環境を整備、教育の義務）

「開口部に墜落防止のために、手すりを設けるか、安全教育を亡Aに対して充分施すか、あるいは、作業環境の点検を完全に行うべき義務を負担していたと解せられるところ、手すりを設けていなかったこと、安全教育を充分に施していなかったこと、作業終了後の資材の点検が不充分であったことは明らかであって、被告らは、この点において、亡Aに対する雇用契約上の安全配慮義務を履行しなかったものといわざるを得ない」（昭和53年3月30日　札幌地裁判決／T建設・K建設事件）

判例9（下請会社の被用者が元請会社の支配従属関係にある場合の元請会社の義務）

「被告両名（元請会社）は、原告との間で直接の雇用契約を締結していたものではないが、原告を、自己の従業員に対するのと同様の立場で支配し従属させていたといわなければならず、また、労安法上の事業者に準ずる地位（被告H建設は少くとも特定元方事業者の地位）にあったといわなければならない」（昭和59年2月28日　札幌地裁判決／H建設・M道路事件）

VI

事例

判例10（アルバイトに対する安全指示の義務）

「原告A（アルバイト）が高さ3.5メートル程の位置から1階へ突起物のある鉄骨を下ろすに当たり、その作業がたとえ手渡しによるものであったとしても、転落の危険は十分に考えられるから、被告において、転落防止のための何らかの措置をとるべきであった。しかし、被告は、転落防止のための措置をとらず、また、原告Aに対し、安全帯の着用やフックをかけるための措置等について具体的に注意を促すことをしなかったのであるから、被告には、本件事故につき過失があるというべきである」（平成17年11月30日　東京地裁判決／Y興業事件）

VII 資料

資

料

資料1　指導票

様式第8号の2

指　　導　　票

令和　年　月　日

　　　　殿

労働基準監督署
労働基準監督官　　　　㊞

　　あなたの事業場の下記事項については改善措置をとられるようお願いします。
なお、改善の状況については　　月　　日までに報告してください。

指 導 事 項

1．ごみ処理施設棟東側に設置された材料置場用ステージについて、9月中・
　下旬に解体予定とのことですが、解体にあたっては、解体作業用タラップ
　の取り付け等、解体手順の明確化と関係者労働者への周知を図ってくだ
　さい。

受 領 年 月 日 受領者職氏名	令和　年　月　日

（　枚のうち　枚）

資料2　是正勧告書

様式第2の1号の2

是　正　勧　告　書

令和　年　月　日

殿

労働基準監督署
労働基準監督官　　　　　　㊞

　　貴事業場における下記~~労働基準法~~、労働安全衛生法違反~~及び自動~~
~~車運転者の労働時間等の改善のための基準違反~~については、それぞ
れ所定期日まで是正の上、遅滞なく報告するよう勧告します。

　　なお、法条項に係る法違反（罰則のないものを除く。）について
は、所定期日までに是正しない場合又は当該期日前であっても当該
法違反を原因として労働災害が発生した場合には、事案の内容に応
じ、送検手続をとることがあります。

　　また、「法条項等」欄に□印を付した事項については、同種違反
の繰り返しを防止するための点検責任者を事項ごとに指名し、確実
に点検補修を行うよう措置し、当該措置を行った場合にはその旨を
報告してください。

法条項等	違反事項	是正期日
安衛法第30条第1項	特定元方事業者の労働者及び関係請負人	即　時
（安衛則第639条	の労働者が同一の場所において行われる	・　・
第1項）	場合に、クレーンの運転についての合図を	・　・
	統一的に定め、関係請負人に周知させて	・　・
	いないこと	・　・
		・　・
		・　・
		・　・
		・　・
		・　・
		・　・
受領年月日	令和　年　月　日	(1)枚のうち
受領者職氏名		(1)枚　　目

（注意）

一、労働安全衛生法等関係法令違反を原因として、労働災害を発生させた場合には、是正期日前であっても、労働者災害補償保険法に基づき特別に費用を徴収することがあります。

二、この勧告書は三年間保存してください。

VII

資料

資料3 使用停止等命令書

様式第4号の2

<table>
<tr><td colspan="4" style="text-align:center">使　用　停　止　等　命　令　書</td><td>労　署使第　　号の
令　和　年　月　日</td><td rowspan="20">（注　意）
命令の対象物件等に関して労働災害を発生させた場合は、是正期日内であっても、送検手続をとることがあり、
また、労働者災害補償保険法に基づいて特別に費用徴収することがあります。</td></tr>
</table>

（事業者等）

　　　　　　　　　　　　　　　　殿

　　　　　　　　　　　労働基準監督署長　　　　　　　㊞

（事業場の名称）

　　　　　　　　　　　　おける下記の「命令の対象物件等」欄記載の物件等に関し、「違反法令」欄記載のとおり違反があるので~~労働基準法第　条~~、労働安全衛生法第98条1項に基づき、それぞれ「命令の内容」欄及び「命令の期間又は期日」欄記載のとおり命令します。

　　　なお、この命令に違反した場合には、送検手続をとることがあります。

番号	命令の対象物件等	違反法令	命令の内容	命令の期間又は期日
1	ダクトスペース	安衛法第31条 （安衛則 第653条）	右の期間立入を禁止すること	法違反が是正されたことを確認する間
			右の期日までに墜落防止用の足場を設けること	令和　年　月　日

備考	1　上記命令について、当該違反が是正された場合には、その旨報告してください。 　　なお、「番号」欄に□印を付した事項については、今後同種違反の繰り返しを防止するための点検責任者を事項ごとに指名し、確実に点検補修を行うよう措置して併せて報告してください。 2　この命令に不服がある場合には、この命令があったことを知った日の翌日から起算して60日以内に厚生労働大臣　労働局長　労働基準監督署長に対して審査請求することができます（命令があった日から1年を経過した場合を除きます。）。 3　この命令に対する取消訴訟については、国を被告として（訴訟において国を代表する者は法務大臣となります。）、この命令があったことを知った日の翌日から起算して6ヶ月以内に提起することができます（命令があった日から1年を経過した場合を除きます。）。 　　ただし、命令があったことを知った日の翌日から起算して60日以内に審査請求をした場合には、命令の取消訴訟は、その審査請求に対する裁決の送達を受けた日の翌日から起算して6ヶ月以内に提起しなければなりません（裁決があった日から1年を経過した場合を除きます。）。 4　この命令書は、3年間保存して下さい。

受領年月日	令和　年　月　日
受領者職氏名	

資料 4　不正行為に対する監督処分の基準

具体的基準		事　　由	営業停止処分期間
建設業者の業務に関する談合・贈賄罪 ・刑法違反（競売入札妨害罪、談合罪、贈賄罪） ・補助金適正化法違反 ・独占禁止法違反		代表権のある役員が刑に処せられた場合	1年間
		その他 代表権のない役員又は政令で定める使用人が刑に処せられた場合	60日以上 120日以上
		独占禁止法に基づく排除勧告の応諾、審決の確定または課徴金納付の確定があった場合	30日以上
		上記営業停止処分期間満了後3年を経過するまでの間に独占禁止法に基づく排除勧告の応諾、審決の確定または課徴金納付の確定があった場合	60日以上
請負契約にかかる不誠実な行為	虚偽申請	公共工事の請負契約に係る一般競争及び指名競争において公共工事の入札及び契約手続について不正行為を行った場合	15日以上
	一括請負	建設業法第22条（一括下請の禁止）に違反した場合	
	主任技術者等の不設置	建設業法第26条（主任技術者及び監理技術者の設置等）に違反して主任技術者又は監理技術者を置かなかった場合	
	粗雑工事等による重大な瑕疵	手抜き・粗雑工事による工事目的物の重大な瑕疵が発生した場合	7日以上
	施工体制台帳等の不作成	施工体制台帳又は施工体制図を作成せず、又は虚偽の施工体制台帳又は施工体制図の作成を行った場合	7日以上
	無許可業者等との下請契約	情を知って、無許可業者、営業停止処分を受けた者等と下請契約を締結し、政令で定める金額（3,000万円以上、建築一式工事にあっては4,500万円）以上となる下請契約につき特定建設業者以外の者と下請契約を締結した場合	7日以上
事故	公衆危害	公衆に死亡者又は3人以上の負傷者を生じさせたことにより、役職員が業務上過失致死傷罪等の刑に処せられた場合等、公衆に重大な危害を及ぼしたと認められる場合	7日以上
		上記以外の場合で危害の程度が軽微と認められる場合	指示処分
	工事関係者事故	役職員が労働安全衛生法違反により刑に処せられた場合	指示処分
		工事関係者に死亡者又は3人以上の負傷者を生じさせたことにより、業務上過失致死傷罪等の刑に処せられた場合、特に重大な事故を生じさせたと認められる場合	3日以上
建設工事の施工等に関する他法令違反	建築基準法違反等	役員又は政令で定める使用人が懲役刑に処せられた場合	7日以上
		上記以外の場合で役職員が刑に処せられた場合	3日以上
		建設業法施行令第3条の2第1号等に規定する命令（建築基準法、宅地造成等規制法、都市計画法、労働基準法、職業安定法、労働者派遣法）を受けた場合	指示処分
	廃棄物処理法違反、労働基準法違反等	役員又は政令で定める使用人が懲役刑に処せられた場合	7日以上
		上記以外の場合で役職員が刑に処せられた場合	3日以上
役員等による信用失墜行為等	法人税法、消費税法等の税法違反	役員又は政令で定める使用人が懲役刑に処せられた場合	7日以上
		上記以外の場合で役職員が刑に処せられた場合	3日以上
	暴力団員による不当な行為の防止等に関する法律違反	役員又は政令で定める使用人が懲役刑に処せられた場合	7日以上

VII

資料

建設労働者の労働条件確保のための相互通報制度について

> 昭和 47 年 9 月 12 日基発第 573 号
> 最終改正 平成 16 年 4 月 1 日基発 0401018 号

　建設業における労働災害の防止及び賃金不払いの防止については、その徹底を期するため、従来から建設行政機関に対して、入札参加者の資格審査に資するための賃金不払事業場の通報及び労働基準法等に違反して罰金以上の刑に処せられた事業場の通報を実施してきたところであるが、改正された建設業法の本格的施行を機に建設行政機関との連携をさらに強化することとし、建設労働者保護の観点から新たに設けられた関係規定の実効を期するため、今後下記により、総合的に建設行政機関との相互通報制度を運用することとしたので、これが実施に遺憾なきを期されたい。

　なお、本通達をもって、昭和 41 年 3 月 24 日付け基発第 269 号（昭和 41 年 7 月 9 日付け基発第 697 号による改正部分を含む。）は廃止する。おって、本件については、旧建設省とも打合せ済であるので、念のため。

記

第 1　建設業者が労働基準法等に違反した場合における通報について

1　通報の趣旨

　労働基準法等に違反した建設業者、又は建設業法第 24 条の 6 の規定に基づく下請指導義務を怠った特定建設業者に対し、国土交通大臣又は都道府県知事が、同法第 28 条又は第 29 条に基づき迅速かつ的確に必要な指示、営業の停止又は許可の取消しを行なうためのものである。

2　通報事案

⑴　許可を受けた建設業者又はその役員若しくは使用人が、労働基準法、労働安全衛生法、じん肺法及び最低賃金法の規定に違反し、

イ　労働基準監督機関から司法処分に付されたもの

ロ　前記イと同程度に重大なもの

ハ　労働基準監督機関から司法処分に付されたものであって、1 年以上の懲役若しくは禁錮の刑に処せられ、又は労働基準法第 5 条、第 6 条違反により罰金以上の刑に処せられ、その刑が確定したもの（この場合は、許可の有無を問わない）。

⑵　発注者から直接建設工事を請け負った特定建設業者の下請負人（すべての下請負人を含み、かつ、許可業者に限らない。）が、労働基準法第 5 条、第 6 条、第 24 条、第 56 条、第 63 条、第 64 条の 4、第 96 条の 2 第 2 項又は第 96 条の 3 第 1 項若しくは労働安全衛生法第 98 条第 1 項の規定に違反し、前記⑴のイ、ロに相当する場合であっ

て、当該特定建設業者が建設業法第24条の6の規定に基づく指導等を怠っていたもの。

3　通報の方法

違反事業場の所在地を管轄する都道府県労働基準局長は、通報する建設業者が、知事の許可を受けた者であるときは当該都道府県知事に対して、国土交通大臣の許可を受けた者であるときは本省を通じて国土交通省に対して、許可を受けずに建設業を営む者であるときは当該違反事業場を管轄する都道府県知事に対して、別紙様式1（略）により（ただし、労働基準法第23条及び第24条違反にかかるものは、すべて後記第2の通報により行うものとする。）通報することとする。

4　通報の時期等

⑴　前記2の⑴のイ、ロ及び⑵に該当する事案については各月分を翌月末日までに、前記2の⑴のハに該当する事案についてはその都度通報することとする。

⑵　本通報は昭和47年10月分から実施することとする。

5　その他

通報を受けた国土交通大臣又は都道府県知事は、建設業法に基づき建設業者として不適当と認められる者等に対し、監督処分を行うとともに、その処分状況を国土交通省は本省へ、都道府県は通報した都道府県労働基準局へ毎月回報するものである。

第2　入札参加者の資格審査に資するための賃金不払事業場の通報について

1　通報の趣旨

建設工事の入札制度合理化対策の一環として、国、公社、公団、地方公共団体等の主要建設工事発注機関においては、従来から「入札参加者の資格審査項目」の主観的要素の一つとして「労働福祉の状況」を加え、その具体的な判断の要素として「賃金支払の状況」が取り上げられているところである。これは、原則として毎会計年度の当初において各発注機関が行う入札参加者の資格審査の際に、過去1カ年以内に賃金不払を発生させた建設業者及び下請業者の賃金不払について責任のある元請業者について、不払の状況、不払の原因、事後措置の適否等を判定するほか、随時、工事発注の際配慮されるためのものである。

2　通報事案

許可を受けた建設業者であって、次に掲げるものとする。

⑴　労働基準法第23条又は第24条違反の賃金不払を発生させ、是正勧告書の交付をうけ又は労働基準監督機関から司法処分に付されたもの。

⑵　下請事業場（許可業者に限らない）が上記⑴に該当する場合において、当該賃金不払について元請建設業者（工事が数次の請負で施工されている場合においては、工事を請負わせたすべての建設業者を含む。）として責任があると認められるもの。

ただし、計算誤り等軽微な違反であって、資格審査の対象とする必要のないものは省略して差し支えない。

VII

資料

133

なお、「元請建設業者として責任がある」とは、次のいずれかに該当する場合をいうものであること。

a　下請代金の支払遅延その他下請業者の賃金の不払いに関する経済的原因が元請業者にあると認められる場合

b　不当な重層下請施工の放任その他下請施工に関し元請としての下請施工管理が著しく不適当であったため、下請業者に賃金の不払いが生じたと認められる場合

c　当該下請業者に賃金の不払いの前歴がしばしばあることを知りながら工事を下請させ、賃金の不払いが生じたと認められる場合

3　通報の方法

賃金不払事業場等が国土交通大臣許可を受けた者であると、知事許可を受けた者であるとを問わず、すべて本省で取りまとめのうえ、別紙様式2（略）により国土交通省に対して通報することとし、国土交通省から各都道府県を含む全国の主要公共工事発注機関に対して通報されるものとする。なお、市町村（東京都においては特別区を含む。）に対しては、各都道府県から通報するよう協力を依頼することとし、必要に応じ各局把握分を直接都道府県に通報するよう配意すること。

4　通報の時期等

(1)　本通報は、各月に把握したものを翌月末日までに通報することとする。

(2)　本通報は、昭和47年10月分から実施することとする。

第3　賃金立替払勧告の運用のための特定建設業者の通報について

1　通報の趣旨

発注者から直接建設工事を請け負った特定建設業者の下請負人が、当該建設工事に従事した労働者に対する賃金不払を発生させた場合に、当該特定建設業者に対し、国土交通大臣又は都道府県知事は、建設業法第41条第2項の規定による立替払いの勧告を迅速かつ的確に行なうためのものである。

2　通報事案

第一次元請負人である特定建設業者の下請負人が、当該建設工事における労働者の使用に関して、労働基準法第23条又は第24条違反の賃金不払（退職金、賞与等は含まない。）を発生させ、是正勧告書の交付をうけ、次に掲げる場合であって、賃金支払保障制度、元請負人等による自主的な解決が図られていないものとする。

(1)　所定期日までに是正しないもの

(2)　その他早期是正の見込みがない等、立替払いの勧告を必要と認めるもの

3　通報の方法

違反事業場の所在地を管轄する都道府県労働基準局長は、通報する特定建設業者が知事の許可を受けた者であるときは当該都道府県知事に対して、国土交通大臣の許可を受けた者であるときは本省を通じて国土交通省に対して、別紙様式2（略）の書面に当該

賃金不払を受けている労働者の氏名、現住所及び当該建設工事に係る賃金不払額並びにこれに対応する就労期間を記載した一覧表を添付して通報することとする。

4　通報の時期等

その都度通報することとする。

このため、国土交通大臣許可にかかるものは、別紙様式2（略）の書面に上記一覧表を添てその都度本省へ報告することとする。

5　その他

⑴　本通報を受けた国土交通大臣又は都道府県知事は、原則として通報事案のすべてについて、通報した賃金不払額相当額の立替払勧告を行なうものであり、勧告後の処理状況を国土交通省は本省へ、都道府県は通報した都道府県労働基準局へ各四半期ごとに回報するものである。

⑵　建設行政機関が把握した賃金不払事件について、労働基準監督機関に対して賃金不払額の確認を依頼してきた場合は、本通報に準じて回答することとする。

第4　建設行政機関から労働基準監督機関に対してする通報について

1　通報の趣旨

労働基準法等違反事業場に対し、迅速かつ的確な監督指導を実施するためのものである。

2　通報事案

建設業法第24条の6第3項の規定に基づき、特定建設業者から国土交通大臣又は都道府県知事に対し通報された下請負人の労働基準法第5条、第6条、第24条、第56条、第63条、第64条の4、第96条の2第2項及び第96条の3第1項並びに労働安全衛生法第98条第1項違反にかかるもの。

3　通報の方法

特定建設業者から通報を受けた国土交通大臣又は都道府県知事は、当該違反が発生した建設工事の所在地を管轄する都道府県労働基準局長に対し、別紙様式3（略）により通報するものである。

4　通報の時期

その都度通報されるものである。

5　通報事案の処理

⑴　通報を受けた都道府県労働基準局長は事案を所轄労働基準監督署長に送付し、すでに監督している場合を除き直ちに臨検監督を実施して法違反が確認された場合には所定の措置をとることとする。

⑵　上記⑴の結果について、都道府県労働基準局長は、法違反の有無、又は当該下請負人に対し建設業法による監督処分等がすでに行なわれているか否かを問わず、すべて前記第1の通報の方法に従って回報することとする。

VII

資料

工事請負契約に係る指名停止等の措置要領

昭和 59 年 3 月 29 日 建設省厚第 91 号

最終改正 平成 26 年 3 月 19 日 国地契第 97 号

（指名停止）

第1 地方整備局（港湾空港関係事務に関することを除く。以下同じ。）の長（以下「部局長」という。）は、有資格業者（工事請負業者選定事務処理要領（昭和 41 年 12 月 23 日建設省厚第 76 号）第 11 第 2 項に規定する有資格業者をいう。以下同じ。）が別表第 1 及び別表第 2 の各号（以下「別表各号」という。）に掲げる措置要件の 1 に該当するときは、情状に応じて別表各号に定めるところにより期間を定め、当該有資格業者について指名停止を行うものとする。

2　部局長が指名停止を行ったときは、当該地方整備局に所属する会計法（昭和 22 年法律第 35 号）第 29 条の 3 第 1 項に規定する契約担当官等（以下「所属担当官」という。）は、工事の請負契約のため指名を行うに際し、当該指名停止に係る有資格業者を指名してはならない。当該指名停止に係る有資格業者を現に指名しているときは、指名を取り消すものとする。

（下請負人及び共同企業体に関する指名停止）

第2　部局長は、第 1 第 1 項の規定により指名停止を行う場合において、当該指名停止について責を負うべき有資格業者である下請負人があることが明らかになったときは、当該下請負人について、元請負人の指名停止の期間の範囲内で情状に応じて期間を定め、指名停止を併せ行うものとする。

2　部局長は、第 1 第 1 項の規定により共同企業体について指名停止を行うときは、当該共同企業体の有資格業者である構成員（明らかに当該指名停止について責を負わないと認められる者を除く。）について、当該共同企業体の指名停止の期間の範囲内で情状に応じて期間を定め、指名停止を併せ行うものとする。

3　部局長は、第 1 第 1 項又は前 2 項の規定による指名停止に係る有資格業者を構成員に含む共同企業体について、当該指名停止の期間の範囲内で情状に応じて期間を定め、指名停止を行うものとする。

（指名停止の期間の特例）

第3　有資格業者が 1 の事案により別表各号の措置要件の 2 以上に該当したときは、当該措置要件ごとに規定する期間の短期及び長期の最も長いものをもってそれぞれ指名停止の期間の短期及び長期とする。

2　有資格業者が次の各号の一に該当することとなった場合における指名停止の期間の短

期は、それぞれ別表各号に定める短期の2倍（当初の指名停止の期間が1ヵ月に満たないときは1.5倍、別表第2第12号の措置要件に該当することとなったときは2.5倍）の期間とする。

一　別表第1各号又は別表第2各号の措置要件に係る指名停止の期間の満了後1ヵ年を経過するまでの間（指名停止の期間中を含む。）に、それぞれ別表第1各号又は別表第2各号の措置要件に該当することとなったとき。

二　別表第2第1号から第4号まで又は第5号から第12号までの措置要件に係る指名停止の期間の満了後3ヵ年を経過するまでの間に、それぞれ同表第1号から第4号まで又は第5号から第12号までの措置要件に該当することとなったとき（前号に掲げる場合を除く。）

3　部局長は、有資格業者について、情状酌量すべき特別の事由があるため、別表各号、前2項及び第4第1号から第3号までの規定による指名停止の期間の短期未満の期間を定める必要があるときは、指名停止の期間を当該短期の2分の1の期間まで短縮することができる。

4　部局長は、有資格業者について、極めて悪質な事由があるため又は極めて重大な結果を生じさせたため、別表各号及び第1項の規定による長期を越える指名停止の期間を定める必要があるときは、指名停止の期間を当該長期の2倍（当該長期の2倍が36ヵ月を超える場合は36ヵ月）まで延長することができる。

5　部局長は、指名停止の期間中の有資格業者について、情状酌量すべき特別の事由又は極めて悪質な事由が明らかとなったときは、別表各号、前各項及び第4に定める期間の範囲内で指名停止の期間を変更することができる。この場合において、別表第2第12号に該当し、かつ、当初の指名停止期間が満了しているときは、当初の指名停止期間を変更したと想定した場合の期間から、当初の指名停止期間を控除した期間をもって、新たに指名停止を行うことができるものとする。

6　部局長は、指名停止の期間中の有資格業者が、当該事案について責を負わないことが明らかとなったと認められたときは、当該有資格業者について指名停止を解除するものとする。

（独占禁止法違反等の不正行為に対する指名停止の期間の特例）

第4　部局長は、第1第1項の規定により情状に応じて別表各号に定めるところにより指名停止を行う際に、有資格業者が私的独占の禁止及び公正取引の確保に関する法律（昭和22年法律第54号。以下「独占禁止法」という。）違反等の不正行為により次の各号の一に該当することとなった場合（第3第2項の規定に該当することとなった場合を除く。）には、それぞれ当該各号に定める期間を指名停止の期間の短期とする。

一　談合情報を得た場合又は国土交通省の職員が談合があると疑うに足りる事実を得た場合で、有資格業者から当該談合を行っていないとの誓約書が提出されたにもかかわらず、

当該事案について、別表第2第6号、第9号、第11号又は第12号に該当したとき

それぞれ当該各号に定める短期の2倍（別表第2第12号に該当したときは、2.5倍）の期間

二　別表第2第5号から第12号までに該当する有資格業者（その役員又は使用人を含む。）について、独占禁止法違反に係る確定判決若しくは確定した排除措置命令若しくは課徴金納付命令若しくは審決又は公契約関係競売等妨害（刑法（明治40年法律第45号）第96条の6第1項に規定する罪をいう。以下同じ。）若しくは談合（刑法第96条の6第2項に規定する罪をいう。以下同じ。）に係る確定判決において、当該独占禁止法違反又は公契約関係競売等妨害若しくは談合に係る首謀者（独占禁止法第7条の2第8項の各号に該当する者をいう。）であることが明らかになったとき（前号に掲げる場合を除く。）

それぞれ当該各号に定める短期の2倍（別表第2第12号に該当する有資格業者にあっては、2.5倍）の期間

三　別表第2第5号から第7号まで又は第12号に該当する有資格業者について、独占禁止法第7条の2第7項の規定の適用があったとき（前二号に掲げる場合を除く。）

それぞれ当該各号に定める短期の2倍（別表第2第12号に該当する有資格業者にあっては、2.5倍）の期間

四　入札談合等関与行為の排除及び防止並びに職員による入札等の公正を害すべき行為の処罰に関する法律（平成14年法律第101号）第3条第4項に基づく各省各庁の長等による調査の結果、入札談合等関与行為があり、又はあったことが明らかとなったときで、当該関与行為に関し、別表第2第5号から第7号まで又は第12号に該当する有資格業者に悪質な事由があるとき（第1号から前号までの規定に該当することとなった場合を除く。）

それぞれ当該各号に定める短期に1ヵ月（別表第2第12号に該当する有資格業者にあっては、1.5ヵ月）加算した期間

五　国土交通省又は他の公共機関の職員が、公契約関係競売等妨害又は談合の容疑より逮捕され、又は逮捕を経ないで公訴を提起されたときで、当該職員の容疑に関し、別表第2第8号から第12号までに該当する有資格業者に悪質な事由があるとき（第1号又は第2号の規定に該当することとなった場合は除く。）

それぞれ当該各号に定める短期に1ヵ月（別表第2第12号に該当する有資格業者にあっては、1.5ヵ月）加算した期間

（指名停止の措置対象区域の特例）

第5　部局長は、有資格業者が別表第1第6号又は第8号の措置要件に該当する場合において当該有資格業者の安全管理の措置の不適切な程度を勘案し、所管する区域の一部を限定して指名停止を行うことができる。

2　部局長は、別表第1第6号又は第8号の措置要件に該当し指名停止の期間中の有資格業者について、安全管理の措置に関し勘案すべき特別の事由が明らかとなったときは、当該有資格業者について指名停止の措置対象区域を変更することができる。

（指名停止の通知）

第6　部局長は、第1項若しくは第2各項の規定により指名停止を行い、第3第5項の規定により指名停止の期間を変更し、若しくは第5第2項の規定により指名停止の措置対象区域を変更し、又は第3第6項の規定により指名停止を解除したときは、当該有資格業者に対し遅滞なくそれぞれ様式1、様式2又は様式3により通知するものとする。

2　部局長は、前項の規定により指名停止の通知をする場合において、当該指名停止の事由が当該地方整備局の発注した工事に関するものであるときは、必要に応じ改善措置の報告を徴するものとする。

（随意契約の相手方の制限）

第7　所属担当官は、次号に掲げる場合を除き、指名停止の期間中の有資格業者を随意契約の相手方としてはならない。

2　所属担当官は、会計法第29条の3第4項に規定する場合は、あらかじめ部局長の承認を受けて指名停止の期間中の有資格業者を随意契約の相手方とすることができる。

3　部局長は、前項の承認をしたときは、様式第4により国土交通大臣に報告するものとする。

（下請等の禁止）

第8　所属担当官は、指名停止の期間中の有資格業者が当該所属担当官の契約に係る工事を下請し、又は受託することを承認してはならない。

（指名停止の報告等）

第9　部局長は、第1第1項若しくは第2各項の規定により指名停止を行い、第3第5項の規定により指名停止の期間を変更し、若しくは第5第2項の規定により指名停止の措置対象区域を変更し、又は第3第6項の規定により指名停止を解除したときは、それぞれ様式第5、様式第6又は様式第7により国土交通大臣に報告するものとする。

2　国土交通大臣官房地方課長は、前項の規定による報告があった場合において、当該報告に係る事案が他の地方整備局における指名停止に関連すると認めたときは、遅滞なく、当該他の部局長に通知するものとする。

（指名停止に至らない事由に関する処置）

第10　部局長は、指名停止を行わない場合において、必要があると認めるときは、当該有資格業者に対し、書面又は口頭で警告又は注意の喚起を行うことができる。

VII

資

料

別表第 1
当該地方整備局の所管する区域内において生じた事故等に基づく措置基準

	措置要件	期　間
虚偽記載	1．当該地方整備局の発注する工事の請負契約に係る一般競争及び指名競争において、競争参加資格確認申請書、競争参加資格確認資料その他の入札前の調査資料に虚偽の記載をし、工事の請負契約の相手方として不適当であると認められるとき。	当該認定をした日から1ヵ月以上6ヵ月以内
過失による粗雑工事	2．当該地方整備局の所属担当官と締結した請負契約に係る工事（以下この表において「地方整備局発注工事」という。）の施工に当たり、過失により工事を粗雑にしたと認められるとき（かしが軽微であると認められるときを除く。）。	当該認定をした日から1ヵ月以上6ヵ月以内
	3．当該地方整備局の所管する区域内における工事で前号に掲げるもの以外のもの（以下この表において「一般工事」という。）の施工に当たり、過失により工事を粗雑にした場合において、かしが重大であると認められるとき。	当該認定をした日から1ヵ月以上3ヵ月以内
契約違反	4．第2号に掲げる場合のほか、地方整備局発注工事の施工に当たり、契約に違反し、工事の請負契約の相手方として不適当であると認められるとき。	当該認定をした日から2週間以上4ヵ月以内
安全管理措置の不適切により生じた公衆損害事故	5．地方整備局発注工事の施工に当たり、安全管理の措置が不適切であったため、公衆に死亡者若しくは負傷者を生じさせ、又は損害（軽微なものを除く。）を与えたと認められるとき。	当該認定をした日から1ヵ月以上6ヵ月以内
	6．一般工事の施工に当たり、安全管理の措置が不適切であったため、公衆に死亡者若しくは負傷者を生じさせ、又は損害を与えた場合において、当該事故が重大であると認められるとき。	当該認定をした日から1ヵ月以上3ヵ月以内
安全管理措置の不適切により生じた工事関係者事故	7．地方整備局発注工事の施工に当たり、安全管理の措置が不適切であったため、工事関係者に死亡者又は負傷者を生じさせたと認められるとき。	当該認定をした日から2週間以上4ヵ月以内
	8．一般工事の施工に当たり、安全管理の措置が不適切であったため、工事関係者に死亡者又は負傷者を生じさせた場合において、当該事故が重大であると認められるとき。	当該認定をした日から2週間以上2ヵ月以内

別表第 2
贈賄及び不正行為等に基づく措置基準

	措置要件	期　　間
	1．次のイ、ロ又はハに掲げる者が当該地方整備局の職員に対して行った贈賄の容疑により逮捕され、又は逮捕を経ないで公訴を提起されたとき。	逮捕又は公訴を知った日から
	イ．代表役員等（有資格業者である個人又は有資格業者である法人の代表権を有する役員（代表権を有すると認めるべき肩書きを付した役員を含む。）をいう。以下同じ。）	4ヵ月以上12ヵ月以内
	ロ．一般役員等（有資格業者の役員（執行役員を含む。）又はその支店若しくは営業所（常時工事の請負契約を締結する事務所をいう。）を代表する者でイに掲げる者以外のものをいう。以下同じ。）	3ヵ月以上9ヵ月以内
	ハ．有資格業者の使用人でロに掲げる者以外のもの（以下「使用人」という。）	2ヵ月以上6ヵ月以内
贈　賄	2．次のイ、ロ又はハに掲げる者が当該地方整備局の職員以外の国土交通省職員に対して行った贈賄の容疑により逮捕され、又は逮捕を経ないで公訴を提訴されたとき。	逮捕又は公訴を知った日から
	イ．代表役員等	4ヵ月以上12ヵ月以内
	ロ．一般役員等	2ヵ月以上6ヵ月以内
	ハ．使用人	1ヵ月以上9ヵ月以内
	3．次のイ、ロ又はハに掲げる者が当該地方整備局の所管する区域内の他の公共機関の職員に対して行った贈賄の容疑により逮捕され、又は逮捕を経ないで公訴を提起されたとき。	逮捕又は公訴を知った日から
	イ．代表役員等	3ヵ月以上9ヵ月以内
	ロ．一般役員等	2ヵ月以上6ヵ月以内
	ハ．使用人	1ヵ月以上3ヵ月以内
	4．次のイ又はロに掲げる者が当該地方整備局の所管する区域外の他の公共機関の職員に対して行った贈賄の容疑により逮捕され、又は逮捕を経ないで公訴を提起されたとき。	逮捕又は公訴を知った日から
	イ．代表役員等	3ヵ月以上9ヵ月以内
	ロ．一般役員等	1ヵ月以上3ヵ月以内

	措置要件	期　間
独占禁止法違反行為違反行為	5．当該地方整備局が所管する区域内において、業務に関し、独占禁止法第3条又は第8条第1号に違反し、工事の請負契約の相手方として不適当であると認められるとき（第12号に掲げる場合を除く。）。	当該認定をした日から2ヵ月以上9ヵ月以内
	6．次のイ又はロに掲げる者が締結した請負契約に係る工事に関し、独占禁止法第3条又は第8条第1号に違反し、工事の請負契約の相手方として不適当であると認められるとき（第12号に掲げる場合を除く。）。	当該認定をした日から
	イ．当該地方整備局の所属担当官	3ヵ月以上12ヵ月以内
	ロ．当該地方整備局の所属担当官以外の国土交通省の所属担当官	2ヵ月以上9ヵ月以内
	7．当該地方整備局が所管する区域外において、他の公共機関の職員が締結した請負契約に係る工事に関し、代表役員等又は一般役員等が、独占禁止法第3条又は第8条第1号に違反し、刑事告発を受けたとき（第12号に掲げる場合を除く。）。	刑事告発を知った日から1ヵ月以上9ヵ月以内
公契約関係競売等妨害又は談合	8．次のイ又はロに掲げる者が締結した請負契約に係る工事に関し、一般役員等又は使用人（使用人においてはイに掲げる場合に限る。）が公契約関係競売等妨害又は談合の容疑により逮捕され、又は逮捕を経ないで公訴を提起されたとき（第12号に掲げる場合を除く。）。	逮捕又は公訴を知った日から
	イ．当該地方整備局の所管する区域内の他の公共機関の職員	2ヵ月以上12ヵ月以内
	ロ．当該地方整備局の所管する区域外の他の公共機関の職員	1ヵ月以上12ヵ月以内
	9．次のイ又はロに掲げる者が締結した請負契約に係る工事に関し、一般役員等又は使用人が公契約関係競売等妨害又は談合の容疑により逮捕され、又は逮捕を経ないで公訴を提起されたとき（第12号に掲げる場合を除く。）。	逮捕又は公訴を知った日から
	イ．当該地方整備局の所属担当官	3ヵ月以上12ヵ月以内
	ロ．当該地方整備局の所属担当官以外の国土交通省の所属担当官	2ヵ月以上12ヵ月以内
	10．他の公共機関の職員が締結した請負契約に係る工事に関し、代表役員等が公契約関係競売等妨害又は談合の容疑により逮捕され、又は逮捕を経ないで公訴を提起されたとき（第12号に掲げる場合を除く。）。	逮捕又は公訴を知った日から3ヵ月以上12ヵ月以内
	11．国土交通省の所属担当官が締結した請負契約に係る工事に関し、代表役員等が公契約関係競売等妨害又は談合の容疑により逮捕され、又は逮捕を経ないで公訴を提起されたとき（次号に掲げる場合を除く。）。	逮捕又は公訴を知った日から4ヵ月以上12ヵ月以内

措置要件		期　間
重大な独占禁止法違反行為等	12.　国土交通省の所属担当官又は公共工事の入札及び契約の適正化の促進に関する法律（平成12年法律第127号）第2条第1項に規定する特殊法人等で国土交通省の所管に係るものの職員が締結した請負契約に係る工事に関し、次のイ又はロに掲げる場合に該当することとなったとき（当該工事に政府調達に関する協定（平成7年12月8日条約第23号）の適用を受けるものが含まれる場合に限る。）。	刑事告発、逮捕又は公訴を知った日から6ヵ月以上36ヵ月以内
	イ．独占禁止法第3条又は第8条第1号に違反し、刑事告発を受けたとき（有資格業者である法人の役員若しくは使用人又は有資格業者である個人若しくはその使用人が刑事告発を受け、又は逮捕された場合を含む。）。	
	ロ．有資格業者である法人の役員若しくは使用人又は有資格業者である個人若しくはその使用人が公契約関係競売等妨害又は談合の容疑により逮捕され、又は逮捕を経ないで公訴を提起されたとき。	
建設業法違反行為	13.　当該地方整備局が所管する区域内において、建設業法（昭和24年法律第100号）の規定に違反し、工事の請負契約の相手方として不適当であると認められるとき（次号に掲げる場合を除く。）。	当該認定をした日から1ヵ月以上9ヵ月以内
	14.　次のイ又はロに掲げる者が締結した請負契約に係る工事に関し、建設業法の規定に違反し、工事の請負契約の相手方として不適当であると認められるとき。	当該認定をした日から
	イ．当該地方整備局の所属担当官	2ヵ月以上9ヵ月以内
	ロ．当該地方整備局の所属担当官以外の国土交通省の所属担当官	1ヵ月以上9ヵ月以内
不正又は不誠実な行為	15.　別表第1及び前各号に掲げる場合のほか、業務に関し不正又は不誠実な行為をし、工事の請負契約の相手方として不適当であると認められるとき。	当該認定をした日から1ヵ月以上9ヵ月以内
	16.　別表第1及び前各号に掲げる場合のほか、代表役員等が禁錮以上の刑に当たる犯罪の容疑により公訴を提起され、又は禁錮以上の刑若しくは刑法の規定による罰金刑を宣告され、工事の請負契約の相手方として不適当であると認められるとき。	当該認定をした日から1ヵ月以上9ヵ月以内

※不正又は不誠実な行為に該当する事例としては以下のことが考えられます。

① 　虚偽の事故報告（労働安全衛生法違反）

　　※一般工事に限る。自発注工事の場合は別表1～4（契約違反）で措置

② 　過積載（道路交通法違反）

③ 　産業廃棄物の不法投棄（産業廃棄物処理法違反）

④ 　外国人の不法就労（入国管理法違反）

資料 7　工事請負契約に係る指名停止等の措置要領の運用基準について

○工事請負契約に係る指名停止等の措置要領の運用基準について

平成 3 年 5 月 18 日　建設省厚発第 172 号
最終改正　平成 26 年 3 月 19 日　国地契第 99 号

　　地方整備局の所掌する工事請負契約に係る指名停止等の措置については、「工事請負契約に係る指名停止等の措置要領」（昭和 59 年 3 月 29 日付け建設省厚第 91 号。以下「措置要領」という。）に基づき講じられてきたところであるが、今般、中央公共工事契約制度運用連絡協議会において、「工事請負契約に係る指名停止等の措置要領中央公共工事契約制度運用連絡協議会モデルの運用申合せ」が採択されたことに伴い、本申合せに準拠して措置要領の運用基準を下記のとおり定めたので取扱いに遺憾のないよう措置されたい。

　　なお、「「工事請負契約に係る指名停止等の措置要領」の運用の適正化について」（平成 2 年 6 月 1 日付け建設省厚発第 158 号）は、廃止する。

記

1　指名停止の期間の始期（第 1）
　　有資格業者（指名停止の期間中のものを含む。）が別表各号の措置要件に該当することとなった場合における当該指名停止の期間の始期は、予算執行上重大な支障を及ぼすと認められる場合を除き、その措置を決定したときとすること。
　　また、指名停止の期間中の有資格業者について再度指名停止を行う場合の指名停止の通知（第 6 第 1 項）及び報告（第 9 第 1 項）についても、別途行うこと。
2　共同企業体に関する指名停止の運用（第 2）
　イ　第 2 第 3 項の規定に基づく共同企業体の指名停止は、既に対象である工事について開札済みであって、新たな指名が想定されない特定共同企業体については、対象としないこと。
　ロ　第 2 第 3 項の規定に基づく共同企業体の指名停止は、当該共同企業体自らが別表各号の措置要件に該当したために行うものではないので、同項の規定に基づく指名停止については、第 3 第 2 項に基づく措置（以下「短期加重措置」という。）の対象としないこと。
3　短期加重措置の運用について（第 3 第 2 項）
　イ　有資格業者が別表各号の措置要件に該当することとなった基となる事実又は行為が、当初の指名停止を行う前のものである場合には、短期加重措置の対象としないこと。
　ロ　下請負人又は共同企業体の構成員について短期加重措置を講じるときは、元請負人又は共同企業体の指名停止の期間を超えてその指名停止の期間を定めることができるものであること。
　ハ　短期加重措置の対象となり、かつ、第 4 各号の一に該当することとなった場合には、部局長の判断により短期加重措置を受けた後の短期に加重を行うこと。
4　独占禁止法違反等の不正行為に対する指名停止の期間の特例の運用（第 4）
　一　第 4 各号に掲げる事由の二以上に該当することとなった場合には、期間の加重を行うこと。
　二　第 4 号及び第 5 号の「悪質な事由があるとき」とは、当該発注者に対して有資格業者が不正行為の働きかけを行った場合等をいうものとすること。

　三　「他の公共機関の職員」（第4第5号並びに別表第2第3号、第4号、第7号、第8号及び第10号関係）とは、刑法第7条第1項に定める国又は地方公共団体の職員その他法令により公務に従事する議員、委員その他の職員をいうものであり、特別法上公務員とみなされる場合を含むものであること。更に私人ではあっても、その職務が公共性を持つため、特別法でその収賄罪の処罰を規定している場合の当該私人を含むものであること。

5　措置対象区域の特例の運用（第5）

　イ　一般工事における事故に関して指名停止を行う場合において、当該事故の原因について作業員の個人としての責任が大きく、請負人の責任が小さいと認められるときは、所管する区域の一部を限定して指名停止を行うこと。
　　なお、この場合には、原則として、都府県の行政区分を基準として運用すること。

　ロ　元請負人又は共同企業体について所管する区域の一部を限定して指名停止を行う場合には、下請負人又は共同企業体の構成員の措置対象区域については、当該元請負人又は共同企業体と同一とすること。

6　別表第1関係

　一　低入札価格調査を行った地方整備局発注工事における過失による粗雑工事（第2号）
　　低入札価格調査を行った工事において別表第1第2号の措置要件に該当した場合の指名停止の期間は、少なくとも3ヵ月となるように運用すること。

　二　一般工事における過失による粗雑工事のかしの重大性の判断（第3号）
　　一般工事における過失による粗雑工事について、かしが重大であると認められるのは、原則として、建設業法に基づく監督処分がなされた場合とすること。

　三　事故に基づく措置基準（第5号から第8号まで）
　　公衆損害事故又は工事関係者事故が次のイ又はロに該当する事由により生じた場合は、原則として、指名停止を行わないこと。

　　イ　作業員個人の責に帰すべき事由により生じたものであると認められる事故（例えば、公道上において車両により資材を運搬している際のわき見運転により生じた事故等）

　　ロ　第三者の行為により生じたものであると認められる事故（例えば、適切に管理されていたと認められる工事現場内
　　　に第三者の車両が無断で進入したことにより生じた事故等）

　四　地方整備局発注工事における安全管理措置の不適切の判断（第5号及び第7号）
　　地方整備局発注工事における事故について、安全管理の措置が不適切であると認められるのは、原則として、イの場合とすること。ただし、ロによることが適当である場合には、これによることができるものであること。

　　イ　発注者が設計図書等により具体的に示した事故防止の措置を請負人が適切に措置していない場合、又は発注者の調査結果等により当該事故についての請負人の責任が明白となった場合

　　ロ　当該工事の現場代理人等が刑法、労働安全衛生法等の違反の容疑により逮捕され、又は逮捕を経ないで公訴を提起されたことを知った場合

　五　一般工事における事故における安全管理措置の不適切の判断（第6号及び第8号）
　　一般工事における事故について、安全管理の措置が不適切であり、かつ、当該事故が重大であると認められるのは、原則として当該工事の現場代理人等が刑法、労働安全衛生法等の違反の容疑により逮捕され、又は逮捕を経ないで公訴を提起されたことを知った場合とすること。

7　別表第2関係

一　「代表権を有すると認めるべき肩書」について（第1号）
　　　「代表権を有すると認めるべき肩書」とは、専務取締役以上の肩書をいうものであること。
　二　独占禁止法第3条に違反した場合（第5号から第7号まで及び第12号イ）は、次のイからニまでに掲げる事実のいずれかを知った後速やかに指名停止措置を行うものとすること。
　　イ　排除措置命令
　　ロ　課徴金納付命令
　　ハ　刑事告発
　　ニ　有資格業者である法人の代表者、有資格業者である個人又は有資格業者である法人若しくは個人の代理人、使用人その他の従業者の独占禁止法違反の容疑による逮捕
　三　独占禁止法第8条第1号に違反した場合（第5号及び第6号）は、課徴金納付命令が出されたことを知った後、速やかに指名停止を行うものとすること。
　四　別表第2第5号から第7号まで及び第12号イの措置要件に該当した場合において課徴金減免制度が適用され、その事実が公表されたときの指名停止の期間は、当該制度の適用がなかったと想定した場合の期間の2分の1の期間とすること。この場合において、この号前段の期間が別表第2第5号から第7号まで及び第12号に規定する期間の短期を下回る場合においては、第3第3項の規定を適用するものとすること。
　五　「業務」について（第5号及び第15号）
　　　「業務」とは、個人の私生活上の行為以外の有資格業者の業務全般をいうものであること。
　六　建設業法違反行為（第13号及び第14号関係）について、
　　　建設業法の規定に違反し、工事の請負契約の相手方として不適当であると認められるのは、原則として、次の場合をいうものとすること。
　　イ　有資格業者である個人、有資格業者の役員又はその使用人が当該地方整備局が所管する区域内における建設業法違反の容疑により逮捕され、又は逮捕を経ないで公訴を提起された場合
　　ロ　建設業法の規定に違反し、監督処分がなされた場合（部局長が軽微なものと判断した場合を除く。）
　七　業務に関する「不正又は不誠実な行為」（第15号）とは、原則として、次の場合をいうものとすること。
　　イ　有資格業者である個人、有資格業者の役員又はその使用人が当該地方整備局が所管する区域内における業務に関する法令違反の容疑により逮捕され、又は逮捕を経ないで公訴を提起された場合
　　ロ　地方整備局発注工事に関して、落札決定後辞退、有資格業者の過失による入札手続の大幅な遅延等の著しく信頼関係を損なう行為があった場合

資料8　高額労災判例一覧

判決時期及び場所	事故内容	被害程度・和解金額
平成元年5月　高知地裁	掘削機が旋回した際、その先端に取り付けられていたバケット部分が激突	死亡（過失相殺30%） 3335万円
平成元年11月　青森地裁	汚水管の清掃作業中、硫化水素ガスを吸引	死亡 5549万円
平成2年1月　熊本地裁	横転したバックホウの下敷きとなる	1級障害（過失相殺　30%） 3107万円
平成3年6月　鹿児島地裁	潜水作業中に減圧症に罹患	1級障害（過失相殺　10%） 3413万円
平成4年5月　札幌地裁	配線作業中に感電	死亡 6419万円
平成5年3月　大阪地裁	じん肺	管理区分4 4033万円
平成5年8月　千葉地裁	じん肺	死亡 2180万円
平成6年9月　横浜地裁 小田原支部	積み込み作業中、玉賭けに使用していたワイヤーロープの一方の環状部分が解けて、吊っていたチップ木材が落下し、トラック運転手に激突	1級障害 1億6524万円
平成6年10月　仙台地裁	バックしてきたダンプトラックが電柱に激突し、その衝撃で倒れた電柱が作業員を直撃	死亡（被災後、輸血による劇症肝炎で死亡） 3632万円
平成8年3月　浦和地裁	住宅建設現場で、大工が1階屋根の垂木に破風板を打ちつける作業をしていたところ、足を踏み外して転落	1級障害　（過失相殺　80%） 3321万円
平成9年8月　山形地裁	ビル地下1階で下水設備改修工事中ガス爆発事故により全身に火傷を負う	死亡 6539万円
平成10年7月　札幌地裁	豪雪等による工事遅れのため心身ともに極度の疲労に陥った現場所長が、うつ病を発症して事務所内で自殺	死亡 9164万円

VII

資料

判決時期及び場所	事故内容	被害程度・和解金額
平成 14 年 10 月 　名古屋地裁	道路舗装工事現場内で一般交通の誘導作業に従事していた警備員が、作業中のロードスタビライザーに轢過される	死亡 （過失相殺　15%） 3503 万円
平成 16 年 9 月 　大阪高裁	イソバンドを吊り上げたクレーンが旋回した際に、作業員が吊り荷の運搬経路の下に入っていたため、落下してきたイソバンドの直撃を受けて負傷	障害の程度不明 （過失相殺　40%） 2173 万円
平成 17 年 11 月 　東京地裁	家屋解体工事においてアルバイト作業員が、廃材となった鉄骨を 2 階の開口部から投げ下ろそうとした際にバランスをくずして 1 階に転落	1 級障害 （過失相殺　10%） 8323 万円
平成 19 年 5 月 　福岡高裁 　　　　　　　　那覇支部	L 型コンクリート擁壁設置工事の埋め戻しの作業に従事していた作業員が、鉄板と土壁面に挟まれて死亡	死亡 （過失相殺　30%） 4341 万円
平成 20 年 7 月 　松山地裁	土木建築工事会社の営業所長は、上司による過剰なノルマの強要や、度重なる叱責・注意を受けたことから、うつ病に罹患し、自殺	死亡 （過失相殺　60%） 3125 万円
平成 21 年 6 月 　広島高裁 　　　　　　　　松江支部 平成 20 年 5 月 　鳥取地裁 　　　　　　　　米子支部	一般住宅の設計・建築会社の営業担当者が、明らかに過重な時間外労働をしていたところ、勤務終了後の午後 9 時前頃から 11 時半頃まで、店長とともに所属するバレーボールチームの試合に参加し、同日深夜に自宅で急性心不全を発症	死亡 （過失相殺　30%） ※素因減額は否定 （地裁 過失相殺・素因減額 50%） 5902 万円
平成 21 年 12 月 　福岡地裁	電気通信工事会社の現場監督職員が、長期間にわたって過重な長時間労働を強いられたことから、うつ病を発症して自殺	死亡 9905 万円
平成 24 年 9 月 　前橋地裁	土木工事を請け負った被告会社の現場代理人が、過度な長時間労働に従事し心身ともに疲労困憊していたことなどから、うつ病を発症して自殺	死亡 6342 万円

判決時期及び場所	事故内容	被害程度・和解金額
平成 26 年 2 月　大阪地裁	電気工事に従事していたところ、石綿（アスベスト）粉じんを暴露し、悪性胸膜中皮腫に罹患	死亡 4396 万円
平成 27 年 9 月　京都地裁	建築・土木工事請負会社の内勤従事者が、約 6 ヵ月間の過重業務を強いられたこと、及び家庭の問題が競合し、互いに等しく寄与する形で「うつ病エピソード」を発症して自殺	死亡 1 億円
平成 28 年 9 月　宇都宮地裁	被告会社と業務委託契約を締結して施工図作成等の業務を行っていた技術者が、脳幹出血を発症して死亡（実質的に被告会社と使用従属関係が認められる、発症前 6 ヵ月間の平均時間外労働時間は 81 時間だった）	死亡 約 5146 万円

資料：労災事故と示談の手引（労働調査会）

VII

資

料

建設労務安全研究会
労務管理委員会賃金福祉部会
「新版　建設業の労働災害に伴う4大責任」編集部会　会員名簿

委員長	細谷	浩昭	鉄建建設㈱
部会長	小澤	栄二郎	㈱不動テトラ
部会員	丸山	友久	㈱淺沼組
	吉澤	賢一	㈱奥村組
	小川	光博	西松建設㈱
	松澤	政廣	東亜建設工業㈱
	佐野	貴徳	㈱フジタ
	小林	敏之	東急建設㈱
	鬼木	設	㈱熊谷組
	橋本	竜一	㈱大本組
	寺井	明彦	㈱鈴木組

新版　建設業の労働災害に伴う4大責任

令和3年6月24日　初版発行

編　者　建設労務安全研究会
発行人　藤澤　　直明
発行所　労働調査会
〒170-0004 東京都豊島区北大塚 2 - 4 - 5
TEL：03 (3915) 6401
FAX：03 (3918) 8618
http://www.chosakai.co.jp/

ISBN978-4-86319-822-7 C2030